A. Brot

Die Gattung Paludomus auct

A. Brot

Die Gattung Paludomus auct

ISBN/EAN: 9783744637459

Hergestellt in Europa, USA, Kanada, Australien, Japan

Cover: Foto ©berggeist007 / pixelio.de

Weitere Bücher finden Sie auf **www.hansebooks.com**

Systematisches

Conchylien-Cabinet

von

Martini und Chemnitz.

In Verbindung mit

Dr. Philippi, Dr. Pfeiffer, Dr. Dunker, Dr. Römer, Clessin, Dr. Brot und Dr. v. Martens

neu herausgegeben und vervollständigt

von

Dr. H. C. Küster

nach dessen Tode fortgesetzt von

Dr. W. Kobelt und H. C. Weinkauff.

Ersten Bandes fünfundzwanzigste Abtheilung.

Nürnberg 1880.

Verlag von Bauer & Raspe.

(Emil Küster.)

Die

Gattung

Paludomus auct.

(Tanalia, Stomatodon, Philopotamis, Paludomus)
(Melaniaceen).

Bearbeitet

von

Dr. A. Brot.

Nürnberg, 1880.

Verlag von Bauer & Raspe.

(Emil Küster.)

Gattung **Tanalia**. Gray.

Syn. Ti na li a auct. nonnull., Se re ni a Benson. (fide. H. A. Ad.); inclus. Gau ga Layard.

T. globosa, spira brevi; apertura perampla, subcirculari, columella lata, planulata; operculum corneum, lamellatum, nucleo dextrorso, marginali versus mediam altitudinis partem posito. — [1]).

Diese Gattung ist bis jetzt ausschliesslich auf der Insel Ceylon gefunden worden und zwar nur in ihrem südlichen Theile wo sie raschfliessende, stürmische Bergströme bewohnt; sie ist durch ihre globulöse Gestalt mit meistens sehr kurz hervorstehender Spira und ihre breite flache Columella charakterisirt und unterscheidet sich leicht, sowohl von Me la ni a als von Philopotam is und Pal udo m us durch die Structur des Deckels welcher lamellös ist mit einem auf der Mitte der rechten Seite stehenden, marginalen Nucleus; die Gattung Stomatodon besitzt einen ähnlichen Deckel, ist aber durch die gezähnte Columelle hinlänglich charakterisirt. Ich habe mit Tan a li a die Gattung Ga ng a auf Blanford's Autorität verbunden, welche nach Layard (Proc. Z. S. 1854, Ann. Mag. 1855) einen dreieckig-eiförmigen concentrischen Deckel mit subcentralen dextrorsen Nucleus besitzen soll; solche Deckel kommen nach Blanford nicht selten bei verschiedenen Arten von Tan a li a vor, entstehen aber dadurch, dass der ursprüngliche normale Deckel zufällig zerstört worden und durch einen andern anomalgebauten ersetzt worden ist, wie es auch der Fall ist bei anderen Gasteropoden unter gleichen Umständen; Blanford citirt zwei Fälle wo beide Formen an einem und demselben Deckel verbunden sind.

Es sind sehr zahlreiche, anscheinlich gut charakterisirte Arten von Tan a li a beschrieben worden, welche aber durch so viele Mittelformen verbunden sind, dass man mit dem besten Willen keine einigermassen sichere Grenzen zwischen ihnen ziehen kann. Blanford behauptet sogar, dass die ganze Gattung aus einem einzigen spezifischen Typus

---

[1]) Ich habe hier die der Familie gehörenden Charactere nicht widerholt, nämlich die imperforirte Schale und, so viel ich weiss, den am Rande gefranzten Mantel; ich rechne die Gattungen Tan a li a, Stomatodon, Philopota m is und Pal udo m us zu der Familie der Me la ni ace en und nicht zu den Pal udinace en wie viele Autoren es thun. (Siehe Monogr. der Melaniaceen, allgemeine Bemerkungen).

bestehe; (seine zweite Art, T. violacea, gehört nach mir nicht zu Tanalia sondern zu Philopotamis). Ohne so weit zu gehen habe ich jedoch die etwa fünf und zwanzig Arten auf sieben zurückgeführt, von welchen einige noch zweifelhaft sind.

1. Tanalia loricata Reeve.

Taf. 1, Fig. 1—5; Taf. 2, Fig. 3. 4; Taf. 3, Fig. 1—13; Taf. 4, Fig. 2 - 6, 6a, 8; Taf. 8, Fig. 2.

T. subglobosa, solida, olivaceo-fusca vel nigrescens, atro-castaneo varie fulguratim strigata vel reticulata, adulta poene omnino nigra. Spira breviter exserta, *regulariter convoluta*, apice erosa; anfr. 2—3 persist., *sensim crescentes*, convexi, longitudinaliter liris elevatis, modo simplicibus et saepe obsoletis, modo plus minus-ve nodulosis, modo squamoso-aculeatis ornati, liris minoribus simplicibus saepe interpositis. Anfr. ultimus maximus, semiglobosus, nonnunquam infra suturam leviter constrictus et obsolete angulatus. Apertura perampla, subcircularis, intùs alba vel plus minus ve brunneo reticulata et strigata; margine dextro intùs crenulato, fusco marginato; columella valde arcuata, lata, planulata plerumque extùs castano limbata — Opercul. typic. (Coll. mea).

Dimens. pervariabiles: Alt. 15—40, lat. 13—33; Apert. alt. 10—33, lat. 7—20 Mill.

Habit. roissende Bergströme im südlichen Theil von Ceylon.

A. Typica: liris nodulosis:

1) Paludomus loricatus Reev. C. I. f. 1 b. c.

Paludomus loricata (Reev.) Hanl. Theob. Conch. Ind. t. 121 f. 2.

Tanalia loricata (Reev.) Chenu. Man. Conch. f. 2215.

Tanalia aculeata (Gmel.) Blanf. (pro parte) Trans. L. S. L. XXIII. t. 60, Sér. 1 f. 4—6.

2) Paludomus undatus Reev. C. Icon. f. 2, (haud adulta).

Hanl Theob. Conch. Ind. t. 121 f. 3.

Tanalia undata (Reev.) Chenu Man. Conch. f. 2218.

3) Paludomus Layardi Reev. Proc. Z. S. L. 1852.

Hanl. Theob. Conch. Ind. t. 121 f. 6.

4) Paludomus nodulosus Dohrn Proc. Z. S. L. 1857.

Hanl. Theob. Conch. Ind. t. 126 f. 8. 9.

B. Liris elevatis squamoso-muricatis.

Tanalia aculeata (Chem.) H. A. Ad. Gen. rec. Moll. t. 36 f. 3.

Chenu Man. Conch. f. 2216.

Blanf. (pro parte) Trans. L. S. L. XXIII p. 610.

5) Paludomus erinaceus Reev. Proc. Z. S. L. 1852.

Hanl. Theob. Conch. Ind. t. 121. f. 1.

Tanalia erinascens (Reev.) Layard Proc. Z. S. 1854.

Tanalia erinascens (Reev.) Layard Ann. Mag. 1855, p. 137.
Paludomus loricatus Reev. Var. Conch. Icon. f. 1. a.
6) Paludomus Skinneri Dohrn Proc. Z. S. L. 1857.
Hanl. Theob. Conch. Ind. t. 121 f. 4.
C. Liris angustioribus, acutis, simplicibus, in anfr. supremis saepe obsolete nodulosis,
7) Paludomus aereus Reev. Proc. Z. S. L. 1852.
Hanl. Theob. Conch. Ind. t. 121, f. 5.
Tanalia aculeata (Gmel.) Blanf. (pro parte) Trans. L. S. XXIII t. 60,
Sér. I. f. 2. 3, Sér. IIIb f. 3.
8) Paludomus funiculatus Reev. Conch. Icon. f. 13.
Layard Proc. Z. S. L. 1854 p. 93 — Ann. Mag. 1855.
Hanl. Theob. Conch. Ind. t. 125 f. 1. 4.
9) Tanalia Reevei Layard Ann. Mag. 1855 p. 138.
Paludomus Reevei (Layard) Hanl. Theob. Conch. Ind. t. 121 f. 7; t. 124 f. 5.
D. Liris tenuibus, confertis, simplicibus, saepe subgranoso-decussatis, nonnunquam obsoletis.
10) Paludomus pictus Reev. Conch. Icon. f. 10 a. b.
Hanl. Theob. Conch. Ind. t. 122 f. 7.
11) Paludomus distinguendus Dohrn Proc. Z. S. 1857.
Hanl. Theob. Conch. Ind. t. 122 f. 3.
12) Paludomus torrenticola Dohrn Proc. Z. S. 1858.
Hanl. Theob. Conch. Ind. t. 124 f. 9.
13) Tanalia similis Layard Ann. Mag. 1855 p. 138.
Paludomus similis (Layard) Hanl. Theob. Conch. Ind. t. 122 f. 1.

Gehäuse beinahe kugelig, oder richtiger halbkugelig, bräunlich-olivenfarbig, mit kastanienbraunen, zackigen oder netzförmigen Striemen verziert, welche in der Jugend meistens deutlich hervortreten, im Alter aber unter einer gleichmässigen schwarzen Färbung verschwinden und dann nur im Inneren der Mündung durchscheinen. Gewinde wenig erhoben, gewöhnlich abgefressen; die 2—3 zurückgebliebenen Umgänge sind convex, allmälig zunehmend, und regelmässig gewunden. Die Sculptur ist äusserst veränderlich und besteht aus Längsreifen, welche bald einfach sind, bald mit abgerundeten Knoten, oder hohlen stachelförmigen Schuppen versehen, manchmal aber obsolet sind oder durch feine erhabene Linien ersetzt: Die Mundöffnung ist sehr weit, beinahe kreisförmig, am äusseren Rande unregelmässig gekerbt; die Columelle ist stark gebogen, breit und flach, weiss, gewöhnlich am äusseren Rande braun gefärbt.
Diese Art ist ausserordentlich veränderlich, sowohl in der absoluten Grösse, als im

1*

Grade der Entwickelung der Spira, und der äusseren Verzierung. Diese Variabilität hat erklärlicher Weise zu einer Zeit wo nur wenige Exemplare bekannt waren, Veranlassung gegeben zu der Aufstellung zahlreicher Arten, welche in ihrer typischen Form betrachtet gegründet erschienen, jetzt aber durch so viele Uebergänge verbunden sind, dass sie selbst nicht als Varietäten unterschieden werden können. Ich habe jedoch der Bequemlichkeit wegen, nach der Skulptur der Schale vier Gruppen unterschieden:

A) Die Längsreife sind mit abgerundeten Tuberkeln verziert, welche oft Spuren von ihrer ursprünglichen schuppenförmigen Gestalt zeigen. Diese Gruppe enthält die grössten Formen. Bei der ächten T. loricata (Taf. 1 Fig. 1. 2 Taf. 3 Fig. 2) sind alle Reife bis zu der Basis mit Tuberkeln besetzt, oft mit einer dazwischenliegenden einfachen oder fein knotigen erhabenen Linie; die Tuberkeln sind mehr oder weniger zahlreich, bald spitz erhoben, bald länglich (Taf. 3 Fig. 3); sie verschwinden zuerst an der Basis der Schale und sind oft nur am oberen Theile der Schale vorhanden; diese Formen sind als T. undata und Layardi Reev (Taf. 1 Fig. 4. 5; Taf. 3 Fig. 1, 1a) beschrieben worden. T. nodulosa Dohrn (Taf. 3 Fig. 8 nach Hanley Theob.; Fig. 9 nach einem von Cuming erhaltenen Exemplar) ist eine etwas kleinere Varietät mit undeutlich ausgesprochenen Tuberkeln. Meine Fig. 3 auf Taf. 3 ist ausser durch ihre verlängerten Tuberkeln, durch eine besonders kurze Spira und ihre grünliche Färbung ausgezeichnet, ist überhaupt noch nicht ausgewachsen.

B) Die erhabenen Leisten sind mit dornartigen Schuppen besetzt; sie sind zahlreich bei T. Skinneri (Taf. 3 Fig. 2), mit breiteren Zwischenräumen bei T. crinacea (Taf. 3 Fig. 5). Gewöhnlich sind die Reihen von Schuppen abwechselnd stärker und schwächer, oft aber fehlt die schwächere Reihe vollkommen (Taf. 1 Fig. 3 und Taf. 3 Fig. 6); die Schuppen sind entweder ganz hohl, oder mehr oder weniger mit Schalensubstanz gefüllt, wie bei Taf. 3 Fig. 6 wo sie zusammengedrückt und den Zähnen einer Säge ähnlich sind. Diese schuppigen Formen sind gewöhnlich etwas kleiner als die typischen T. loricata.

C) Die Schale ist mit einfachen schmalen, oft zahlreichen Leisten verziert (T. aerea Taf. 3 Fig. 11 und 12 Var.), welche bisweilen wie bei T. funiculata (Taf. 4 Fig. 8) nur wenig hervortreten. T. Reevei (Taf. 3 Fig. 10) ist durch ihre oft durch die Anwachsstreifen sehr elegant körnig gegitterten zahlreichen Leisten, sowie durch die deutliche Kante am oberen Theile der Umgänge sehr ausgezeichnet, geht aber allmälig in die T. aerea über; Taf. 3 Fig. 7 stellt eine Varietät von T. Reevei vor, bei welcher der obere Theil der Windungen mit Knötchen versehen und die Spira ganz besonders erhoben ist; Taf. 8 Fig. 2 gehört ebenfalls hieher und unterscheidet sich nur durch eine auffallend helle, einförmige Färbung, und kleine Knötchen unter der Naht.

D) Diese Gruppe umfasst eine Anzahl von Formen bei welchen die Schale längsgefurcht oder fein längsgestreift ist; die Anwachsstreifen sind deutlich entwickelt und erzeugen durch ihre Kreutzung mit den Längsstreifen eine oft zierliche Körnelung der Oberfläche; die braunen zickzackförmigen Striemen sind meistens sehr deutlich ausgesprochen.

Die Fig. 3 auf Taf. 13, und 2 auf Taf. 4 stellen die typische T. picta Reeve vor, wovon Fig. 3 auf Taf. 4 eine zufällig skalarisch gestreckte Varietät ist; unter dem Namen picta scheinen überhaupt die Autoren ziemlich verschieden äusserlich gestaltete Schalen zu begreifen, wenn sie nur eine mehr als gewöhnlich deutliche Zeichnung besitzen. T. distinguenda ist von T. picta durchaus nicht verschieden und auf Taf. 4 Fi 4. 4a abgebildet. T. torrenticola (Taf. 5 Fig. 5a) unterscheidet sich von distinguenda einzig durch eine violette Färbung des Inneren der Mundöffnung. T. similis, die kleinste Form, ist auf Taf. 4 Fig. 6 nach Hanley u. Theobald, und Fig. 6a nach einem Exemplare von meiner Sammlung abgebildet; ich besitze noch kleinere Individuen, welche nach ihrem stumpfen Aussenrande zu urtheilen ausgewachsen zu sein scheinen. Diese Gruppe, (und besonders die drei letzten kleineren Formen) entfernt sich am meisten vom Typus; wenn man nur ein Exemplar von T. similis und eins von loricata oder erinacea vor sich hätte, würde man schwerlich glauben, dass sie zu derselben Art gehören, aber ein jeder der eine einigermassen reiche Sammlung besitzt, wird sich schnell überzeugen, dass die verschiedenen hier als T. loricata angeführten und vereinigten Formen eine ununterbrochene Kette bilden, und zu einem einzigen spezifischen Typus gehören, welcher allerdings nicht leicht zu characterisiren, aber in der Natur doch nicht so schwer zu fassen ist.

1) T. obovata, spira vix exserta, anfr. superne leviter angulato-depressis, liris squamato-nodosis creberrime spiraliter cingulatis; apert. ampla; nigerrimo-fusca, intus alba; columella et aperturae limbo purpureo fuscis. — In rapids flowing from Adam's Peak; Ceylon. (Gardner). (R.)

2) T. obovata, spira vix exserta, anfr. superne plano-depressis liris tenuibus creberrime spiraliter cingulatis quarum postremis subtiliter nodulosis, coeteris laevibus, interstitiis omnium longitudinaliter conspicue elevato-striatis; apertura ampla, nigricante-fusca, fasciis nigricantibus oblique undatis obscurè pictaintus caerulescente-alba fasciis conspicuis; columella alba, purpureo nigro tincta. — In rapids flowing from Adam's Peak; Ceylon. (Gardner) (R.)

3) T. suboblongo-ovata, solida, anfr. convexis, superne declivibus, costis angustis laevibus lira intermedia, spiraliter cingulatis; castaneo-fusca; apert. subampla, intus alba; columella et aperturae limbo fusco nigris. — Mountain streams, Ceylon. (R.)

4) T. oblongo-ovata, laete olivacea, longitudinaliter nigro-fulgurata; Spira exserta; anfr. costis tuberculosis spiraliter cingulati, sutura crenulata; apert. subcircularis nigra, intus albida, lineis nigris pellucentibus. Long. 27, lat. 21. Apert. long. 20, lat. 16½ Mill. (D.)

5) T. obovata, tenuiuscula, anfr. convexis, liris muricato-squamatis spiraliter cingulatis; apert. subampla, atra, intus coerulescente, columella et aperturae limbo castaneo-nigris. — Mountain streams (Layard). (R.)

6) T. ovata, nigricanti-olivacea, confertim costis squamatis spiraliter cingulata, supra medium obsolete carinata; apert. semicircularis, alba, intus coerulescens. Long. 35, lat. 32; apert. long. 29, lat. 16 Mill. (D.)

7) T. ovata, solidiuscula, anfr. convexis, costis angustis annularibus, subdistantibus cingulatis; olivacea, strigis nigris undatis oblique picta; apert. subampla, coerulescente-nigro limbata. — Mountain streams. Ceylon. (Layard.) (R.)

8) T. oblongo-ovata, spira exserta; anfr. superne depressiusculis, liris subdistantibus obtusis spiraliter funiculatis; nigerrimo-fusca, intus albida. — Ratnapoora (Gardner.) (R.)

9) Shell oblong-ovate: axis 1½ inch. diam. ¿. inch. 2. l. Spire exserted, short, whorls rounded, spirally corded with rather distant obtuse ridges, longitudinally striated with well marked close set striae, the great characteristic mark of the species. Aperture: outer lip edged with deep purple-brown, columellar lip white. Colour a dark yellow-brown, thickly marked with longitudinal slanting, jet-brown wavy bands. — Calloo ganga, Ratnapoora Ceylon. (L.)

10) T. oblongo-ovata, spira exserta, anfr. spiraliter obtuse striatis; olivacea fasciis nigris undulatis angustis longitudinaliter picta, intus albida; columellae margine fusco-tincto. — Ratnapoora. (R.)

11) T. ovata, olivacea, nitida, fasciis nigris fulguratis longitudinaliter picta, spiraliter et longitudinaliter rarius striata; spira exserta; apert. ovata, coerulescens; peristomate nigro, obsolete dentato, margine columellari planato; fasciis nigris perlucentibus. Long. 25, lat. 19; Apert. alt. 18, lat. 12½ Mill. (D.)

12) T. oblongo-ovata, nigricanti-olivacea, obscure fulgurata et maculata, spiraliter confertim, longitudinaliter rarius striata; spira exserta; anfr. convexi; sutura simplex; apertura ovalis, violacea, margine columellari albo. Long. 22, lat. 16; Apert. long. 16, lat. 12 Mill. — Bergströme auf Ceylon. (D.)

13) Shell rather globose; axis 8, diam. 6 lines. Spire short, exserted. Whorls rounded ventricose, spirally grooved with close-set, fine, minutely decussat·d striae. Colour rich olive-yellow, profusily marked with longitudinal, wavy, dark lines, interrupted by four or five fine transverse bands of the same colour. Aperture: the dark markings of the shell show through, and are dimmed by a bluish haze; columellar lip white, stained on the outside edge with dark brown, which runs round the outer lip in a thin band. — Hab. a mountain torrent at Kandangamsa. near Ratnapoora. (L.)

2. Tanalia neritoides Reeve.

Taf. 1, Fig. 6 - 11; Taf. 4, Fig. 11—14; Taf. 8, Fig. 1.

T. depresse subglobosa, neritaeformis, solida, rufescens vel fusco-nigra, obscure nigro strigata, strigis flexuosis, intus et praesertim aetate juvenili conspicuis. Spira subintegra plerumque vix exserta, plus minusve involuta vel laxe convoluta, nonnunquam fere omnino occulta; anfr. convexi 2—3, longitudinaliter obtuse lirati vel striati, liris laevigatis saepe obsolescentibus; sutura appressa; anfr. ultimus maximus, superne constrictus. Apertura ampla, subrotundata, strigis intus vivide perlucentibus, aetate alba; columella valde arcuata crassa, planulata, extus castaneo marginata; margine dextro valde arcuato, subpatulo, saepe brunneo, vel albo et maculis nigris irregularibus notato. — Opercul. typic. (Coll. mea.)

Alt. 32, lat. 31; Apert. alt. 31, lat. 20 Millim. (T. Gardneri.)

„ 40, „ 34; „ „ 33, „ 20 „ (T. neritoides.)

„ 27, „ 21; „ „ 20, „ 12 „ (T. dromedarius.)

Habit. Bergströme im südlichen Ceylon.

7

* Paludomus neritoides Reeve, Conch. Icon. f. 3.
    Hanl. Theob. Conch. Ind. t. 122 f. 8.
    Tanalia aculeata (Gmel.) Var. Blanf. Tr. L. S. L. XXIII p. 610.
** Paludomus Gardneri Reev. Conch. Icon. f. 9.
    Layard Proc. Z. S. 1854 u. Ann. Mag. N. II. 1855.
    Hanl. Theob. Conch. Ind. t. 122 f. G.
*** Paludomus Tennantii Reeve Conch. Icon. f. 12.
    Hanl. Theob. Conch. Ind. t. 122 f. 5.
    Tanalia Tennantii (Reev.) Layard Proc. Z. S. 1854 u. Ann. Mag. N. H. 1855.
**** Paludomus dilatatus Reev. Proc. Z. S. L. 1852.
    Hanl. Theob. Conch. Ind. t. 125 f. 5. 6.
    Ganga dilatata (Reev.) Layard Proc. Z. S. 1854. Ann. Mag. N. II. 1855.
***** Paludomus Cumingianus Dohrn Proc. Z. S. L. 1857.
    Hanl. Theob. Conch. Ind. t. 126 f. 5. 6.
****** Paludomus dromedarius Dohrn Proc. Z. S. L. 1857.
    Hanl. Theob. Conch. Ind. t. 122 f. 9.
    Paludomus melanostoma Thorpe MSS. Hanl. Theob. Conch. Ind. t. 121
    f. 8. 9.
    Paludomus Swainsoni (Dohrn) Hanl. Theob. Conch. Ind. t. 124 f. 6 (non
    Dohrn).

Gehäuse halbkugelig, neritenähnlich, festschalig, braun oder schwärzlich mit schwarzen zackigen, meist nur im Inneren der Mündung sichtbaren Querstriemen verziert. Gewinde beinahe unversehrt, kaum erhoben, mehr oder weniger durch den letzten Umgang eingehüllt, seltener etwas hervortretend und dann merklich lose gewunden. Umgänge 2—3, convex, der Länge nach mit stumpfen, glatten, oft kaum erhabenen Gürteln verziert oder gestreift; Naht angedrückt; letzter Umgang sehr überwiegend, beinahe die ganze Schale ausmachend, meistens oben etwas zusammengeschnürt. Mundöffnung sehr weit, beinahe kreisförmig; Columelle stark gebogen, nach aussen schwarzbraun gerandet; Aussenrand stark gebogen, etwas erweitert, oft weiss mit schwarzen Flecken verziert.

Eine eben so grosse Art wie T. loricata, aber in der Grösse weniger veränderlich; sie unterscheidet sich von ihr durch die Aufwindungsart der Spira, welche nicht regelmässig getbürmt, sondern meist durch den letzten Umgang mehr oder weniger eingehüllt ist; in den Fällen wo die Spira etwas hervorsteht ist die Naht sichtbar, schief gerichtet dadurch, dass die Umgänge sich lose an einander legen. Die Skulptur ist weniger veränderlich als bei der vorhergehenden Art; bei T. Gardneri (Taf. 1 Fig. 10. 11) ist die Schale mit deutlichen erhabenen Reifen verziert, während T. Tennantii (Taf. 1 Fig. 8. 9) beinaho glatt erscheint, und T. neritoides (Taf. 1 Fig. 7; Taf. 4 Fig. 11) nur oberflächlich gefurcht ist; ich kenne von dieser Art keine mit Knoten oder Schuppen verzierte Formen. Die Hauptvariation besteht in der mehr oder weniger losen Aufwindung der Spira, was die allgemeine Gestalt der Schale bedeutend modificirt. Bei T. Gardneri und Tennantii

8

ist die Spira durch den letzten Umgang beinahe ganz verhüllt, die Schale abgeflacht, halbkugelig; bei T. neritoides typica (Fig. 11) ist die Spira höher und die Schale mehr globulös; bei T. dromedarius (Taf. 4 Fig. 12) sind die ersten Umgänge verhüllt, während der letzte rasch heruntersteigt; die Schale ist oblong mit einem sehr stumpfen, breit knopfförmigen Apex. Bei T. dilatata (Taf. 4 Fig. 13) wachsen die Umgänge mehr graduell, die Spira ist höher und bietet nicht das buckelige Aussehen der T. dromedarius; diese Form kann als eine subskaläre Anomalie betrachtet werden, ähnlich der auf derselben Tafel Fig. 3 abgebildeten Varietät der T. picta. Layard (loc. cit.) schreibt der Tanalia dilatata einen concentrischen Deckel mit subcentralen dextrorsen Nucleus zu und gründet darauf seine Gattung Ganga; Blanford führt an, dass solche Deckel nur eine, auch bei anderen Arten vorkommende Anomalie sind, und nach dem Verlust des primitiven, normal gebauten Deckels erzeugt werden; die Gattung Ganga ist also als überflüssig zu betrachten.

T. Cumingiana (Taf. 4 Fig. 14 nach Hanl. Theob.) ist nur eine zufällige individuelle Abnormität mit einer hervortretenden Kante am oberen Theile des letzten Umganges. Paludomus melanostoma Thorp. MSS. und P. Swainsoni (non Dohrn) in Hanl. Theob. Conch. Ind. sind kugelige Formen mit sehr kurzer Spira und besonders elegant ausgeprägter undulirter Zeichnung, welche nach der Figur zu urtheilen, von T. neritoides nur durch feinere Sculptur sich unterscheiden. Die auf Taf. 8 Fig. 1 abgebildete Form, welche in meiner Sammlung als T. globosa (?) bezeichnet ist, gehört auch zu T. neritoides und nähert sich besonders einigen Formen von T. dromedarius.

Blanford betrachtet T. neritoides mit allen den Synonimen als eine einfache Modification seiner T. aculeata und bildet eine Reihe von Formen ab, welche den allmäligen Uebergang von einer Form von Spira zur anderen veranschaulichen soll, welche mich aber nicht überzeugt hat.

* T. oblongo-ovata, spire subexserta, anfr. rotundatis, obscure obtuso-liratis; apertura subampla, olivacea, fusca, in testa juniore acute undata, intus albida, columella et aperturae, limbo nigricante-fuscis interdum hic illic maculatis. — In the bed of a river at Ambegamoa (Gardner). (R.)

** T. orbiculari-ovata, spira plano-depressa, anfr. regulariter convexis, creberrime spiraliter iratis liris tenuisculis, obtusis, alternatim majoribus; apert. perampla, aterrima, intus albida, columella et aperturae limbo purpureo-nigro tinctis. — Habit. — In a stream at the foot of Adam's Peak. (Gardner). (R.)

*** T. obovata, crassiuscula, spira vix exserta; anfr. rotundatis, laevibus, obscurissime liratis; apert. subampliter effusa, olivacea, fusco indistincte longitudinaliter undata, intus albida; columella et aperturae limbo purpureo-fusco tinctis. — Habit. In a rocky stream flowing from Adam's Peak. (Gardner). (R.)

**** T. suboblongo-ovata, spira exsertiuscula; anfr. rotundatis, superne vix depressis spiraliter obscure superficialiter liratis, intense nigricanti-fusca, immaculata. Apert. oblonga, inferne dilatata, intus coerule-centi-alba, bi vel trifasciata nigro limbata. — Ceylon. (Layard) (R.)
(P. neritoidi vicina sed magis oblonga et apertura magis dilatata.) (R.)

***** T. globosa, solida, olivaceo-fusca obsolete spiraliter sulcata, spira valde depressa, exserta; anfr. ultimus ceteros superans, ad suturam in formam canalis impressus; apert. magna, obliqua, flavescens, intus albida, lineis nigris undatis longitudinaliter distincta. — Long. 33, lat. 34. Apert. alt. 30, lat. 24 Mill. (D.)

****** T. oblongo-ovata, nigra, obsolete spiraliter, longitudinaliter striata; anfr. convexi, ultimus antice valde deflexus; apert. subcircularis, alba, obsolete dentata, interdum flavo-cincta; opercul. subtriangulare corneum, nucleo laterali dextrorso. — Long. 29, lat. 21; apert. long. 20½, lat. 16 Mill. (D.)

3 Tanalia Thwaitesii Layard.
Taf. 5. Fig. 1. 1a.

T. *oblongo-globosa*, solida, lutescente olivacea, nigro fulguratim strigata vel maculata. Spira exserta, *laxe convoluta*, apice truncata; anfr. persist. 3, supremi *superne oblique planulati*, confertim superficialiter sulcati, transversim striati, minute decussati; anfractus *ultimus* superne planulatus et *subconcave appressus*, deinde *angulatus, liris tenuibus elevatis irregularibus cinctus*, minute decussatus. Apert. late ovata, superne paulo angustata, basi rotundata; columella lata, callosa, arcuata, intus alba, extus nigro marginata; margine dextro superne paulo impresso, deinde dilatato-rotundato, intus albo, maculis brunneis nonnullis distincto. — Opercul.? (coll. mea.)

Alt. 30, lat. 24½; apert. alt. 22, lat. 14½ mill. (anfr. 3.)

Habit. Ceylon (Cuming).

* Philopotamis Thwaitesii Layard. Proc. Z. S. 1854; Ann. Mag. N. H. 1855 p. 139.

Paludomus Thwaitesii (Lay.) Hanl. Theob. t. 125 f. 8. 9.

Tanalia aculeata (Gmel.) var. Blanford. Trans. Lin. Soc. Lond. XXIII.

Diese Art ist noch immer etwas zweifelhaft; sie ist ursprünglich von Layard als Philopotamis beschrieben worden; Blanford betrachtet sie aber als Tanalia, indem er sie mit T. loricata vereinigt. Mein von Cuming erhaltenes, hier abgebildetes Exemplar, gehört gewiss zu dieser letzten Gattung und entspricht vollkommen der Diagnose von Layard; die Figur in Hanley und Theobald stellt eine von meinem Exemplar etwas verschiedene, etwas granulirte Varietät vor, gehört aber entschieden zu Tanalia. Wenn meine Figur wirklich T. Thwaitesii vorstellt, so begreife ich nicht recht wie Layard seine Art mit Phil. sulcatus und regalis vergleichen kann, welche mit ihr nur eine sehr entfernte Aehnlichkeit besitzen. Die Tanalia Thwaitesi ist vielleicht Varietät von T. neritoides, lässt sich aber an ihrer etwas ausgezogenen Spira und an der Kante am oberen Theile des letzten Umganges erkennen.

* Shell oblong ovate; axis 13, diam. 9 lines. Spire exserted, short. Whorls almost carinated round the upper part, spirally corded with unequal-sized, close, but irregularly set ridges, granulated or minutely striated. Colour yellowish-olive, painted more or less with wavy, dark brown longitudinal lines. Aperture pinkish-white, occasionally having the outer lip dotted with dark pink-brown marks. — Hab. same as sulcatus. (A rare shell if distinct from sulcatus.) (L.)

2

4. Tanalia Swainsoni Dohrn.
Taf. 4. Fig. 1. 1a.

T. subglobosa, solida, fusco-olivacea, cingulis obsoletissime elevatis *nigris* ornata. Spira apice erosa, *parcula, breviter exserta*; anfr. superst. 3 *subincoluti*, infra suturam depressi; ultimus maximus, semiglobosus. Apertura subcircularis, superne acuminata, intus fuscula vel alba, cingulis brunneis perlucentibus. Columella ad limbum externum castaneo tincta, margine dextro fusco, intus irregulariter denticulato. (Coll. mea).

Alt. 22, lat. 19; apert. alt. 18, lat. 11 mill.

Habit. Ceylon.

* Paludomus Swainsoni Dohrn Proc. Z. S. 1857.

Gehäuse kugelförmig, festschalig, bräunlich-olivenfarbig, mit kaum erhabenen, schwarz gefärbten Gürteln verziert. Gewinde klein, kurz zugespitzt, wenig abgenagt; Umgänge 3 etwas einhüllend, unter der Naht eingedrückt; letzter Umgang halbkugelig. Mundöffnung beinahe kreisförmig, oben zugespitzt, inwendig blass bräunlich oder weiss, mit durchscheinenden Längsgürteln; Columelle mehr oder weniger kastanienbraun gefärbt; Aussenrand inwendig braun, unregelmässig gekerbt.

Sehr ausgezeichnet durch ihre Zeichnung, welche aus schmalen, schwarzen, auf den kaum erhabenen Längsreifen sitzenden Binden besteht; ich muss aber bemerken, dass ich einige Exemplare von T. dilatata besitze, welche eine deutliche Neigung zur Bildung von etwas breiten. unterbrochenen Längsbinden zeigen. Hanley und Theob. bilden unter diesem Namen eine sehr elegant fulgurirte Form ab, welche der Diagnose von Dohrn nicht entspricht und mit neritoides verbunden sein soll.

* T. ovata, solida, olivacea, costis nigris spiralibus ornata, obsolete spiraliter et longitudinaliter striata; spira exserta, anfractus convexi, ad suturam nigricantem depressi. Apertura ovata, albida, obsolete dentata, interdum fusco-maculata. Long, 25, lat. 23. Apert. Long 21, lat. 12 Mill. (D.)

5. Tanalia Hanleyi Dohrn.
Taf. 4. Fig. 9.

T. mediocris. subglobosa. neritaeformis. solida, rufescenti-olivacea, unicolor vel transversim anguste nigro strigata, plerumque omnino nigro-obscurata. Spira brevissima, *involuta*, plerumque erosa; anfr. persist. 2; ultimo magno, a latere compresso, inde *obtuse subbiangulato*, longitudinaliter tenuissime et confertim striato, striis incrementi tenuissime decussatulo. Apertura late ovata, intus fusca; margine dextro superne subdepresso, deinde rotundato; columella *latissima*, alba, extus dilute fusco limbata, *limbo interno subrecto, externo autem valde arcuato*, semicirculari, in marginem basalem rotundatum sensim transeunte. — Opercul. typic. (Coll. mea.)

Alt. 18, lat. 15; Apert. alt. 15, lat. 13 Millim.

Habit. Ceylon in Bergströmen.

* Paludomus Hanleyi Dohrn Proc. Z. S. L. 1858.

Hanl. Theob. Conch. Ind. t. 125 f. 10.

Gehäuse klein, kugelig, neritenähnlich, festschalig, bräunlich-oliven, einfarbig, oder mit schmalen schwarzen Striemen verziert, gewöhnlich aber schwärzlich gefärbt. Gewinde sehr kurz und zum Theil durch den letzten Umgang verhüllt, gewöhnlich abgefressen; Umgänge 2; der letzte sehr überwiegend, beinahe die ganze Schale ausmachend, seitlich zusammengedrückt und daher mit zwei entfernten, stumpfen Kanten versehen, der Länge nach sehr fein und dicht gestreift; Anwachsstreifen sehr fein; Mundöffnung breit eiförmig, inwendig bräunlich; Aussenrand oben etwas angedrückt, dann gebogen; Columelle sehr breit, weiss, nach aussen bräunlich gesäumt; der innere Rand beinahe gerade, der äussere dagegen sehr stark gebogen, halbkreisförmig, in den abgerundeten Basalrand allmälig übergehend. Deckel typisch.

Eine durch ihre globulöse Gestalt, ihren sehr überwiegenden, stumpf doppelkantigen letzten Umgang, und ihre auffallend verbreitete, etwas concave Columelle ziemlich gut charakterisirte Art. Die Mundöffnung ist inwendig gewöhnlich bräunlich gefärbt, seltener dunkelviolett, oder weiss mit mehr oder weniger durchscheinender Zeichnung.

* T. semiovalis, neritaeformis, solida, olivacea, unicolor vel saturatius longitudinaliter striata, decussata; Spira exserta; anfr. convexi; apert. obliqua, ampla, labio columellari magno, margine interno vix curvato, externo semicirculari; alba vel flavesceus. Opercul.? — Long. 1*, lat. 15. Apert. alt. 15, lat. 13 Mill. – Mountain streams, Ceylon. (D.)

6. Tanalia solida Dohrn.

Taf. 4. Fig. 7. 7a. 7b.

T. mediocris, globoso-acuminata, crassa, pallide straminea, brunneo confertim fulgurata vel reticulatim maculata. Spira acute exserta, integra vel decollata; anfr. persist. 2—3 (integra 5) convexi, rapide sed regulariter crescentes, longitudinaliter confertim elevato-lirati, liris angustis, parum elevatis, inaequalibus, sub lente striis transversis tenuibus decussatulis. Apert. ovata, intus pallide violaceo-rutescens; columella valde arcuata, plana, ad limbum externum castaneo tincta, vel omnino alba, margine dextro subdenticulato. Opercul.? (Coll. mea).

Alt. 15—22, lat. 12—17; Apert. alt. 10—14, lat. 7—9 Millim. (anfr. 2.)

Habit. Ceylon. (Dohrn ex Coll. Cum.)

* Paludomus solidus Dohrn Proc. Zool. S. L. 1857.

Hanl. u. Theob. Conch. Ind. t. 122 f. 4.

Tanalia aculeata (Gmel.) Var. Blanf. Trans. Lin. S. L. XXIII p. 610.

Gehäuse mittelmässig, kugelig-gethürmt, mit einer kurzen, spitz hervortretenden Spira, dickschalig, blass röthlich-gelb, reichlich braun fulgurirt oder netzförmig gefleckt. Gewinde rasch zugespitzt, kurz, oft decollirt; Umgänge 2—3 convex, schnell aber regelmässig zunehmend, der Länge nach mit dichtstehenden, schmalen, wenig erhabenen, ungleichen

2*

Reifchen verziert, unter der Loupe fein quergestreift. Mundöffnung breit eiförmig, oben zugespitzt, inwendig blass bräunlich, am Rande weiss mit einem schmalen hellbraunen Saume; Columelle stark gebogen, flach, nach aussen braun gesäumt, in den Basalrand allmälig übergehend.

Ich habe zwei Varietäten abgebildet, eine kleinere (Fig. 7, 7b) mit einer etwas mehr ausgezogenen aber decollirten Spira und gleichmässig convexen Umgängen, und eine andere grössere (Fig. 7a.), welche eine kurze, unversehrte, spitz hervortretende Spira besitzt und deren letzter Umgang eine undeutliche Kante etwas unterhalb der Naht zeigt; beide haben dieselbe Skulptur und characteristische Färbung.

Diese Art hat eine auffallende Aehnlichkeit mit gewissen gestreiften Littorinen; nach Dohrn soll sie einen concentrisch gebauten Deckel mit einem linksstehenden Nucleus besitzen, was wohl ein Irrthum ist, da die Schale nach der Form der Columelle gewiss eine Tanalia ist; Blanford rechnet sie auch zu dieser Gattung als eine Varietät seiner T. aculeata.

* T. ovato-oblonga, solidissima, flava, brunneo-maculata, spira exserta; anfr. convexi, spiraliter sulcati, sub lente longitudinaliter striati; sutura impressa; apert. crassa, semicirculari. — Opercul. corneum, nigrescens, concentrice striatum, nucleo sinistro. Long. 19, lat. 14½; apert. alt. 13, lat. 10 mill. (D.)

7. Tanalia sphaerica Dohrn †
Taf. 4. Fig. 10. (nach Hanl. Theob.)

„T. solida, globosa, olivacea, parum nitida, confertim longitudinaliter et transverse striata; spira depressa, exserta; anfractus rotundati, fasciatim spiraliter nigro maculati; sutura simplex, alba. (D.)

Long. 18, lat. 17; Apert. long. 15, lat. 12 Mill.

Habit. Ceylon.

* Paludomus sphaericus Dohrn Proc. Z. S. 1857.

Hanl. Theob. Conch. Ind. t. 124 f. 8.

Gehäuse festschalig, kugelig, olivenfarbig, wenig glänzend, dicht in die Quere und der Länge nach gestreift; Gewinde niedrig ausgezogen; Umgänge gerundet, mit in spirale Binden geordneten schwarzen Flecken verziert. Naht einfach, weiss.

Blanford rechnet diese Art zu den Varietäten von seiner T. aculeata; ihr Coloration's System scheint mir aber demjenigen von Tanalia sehr fremd zu sein; diese dreieckigen Flecken erinnern viel mehr an P. chilinoides; ich finde jedoch eine Andeutung von ähnlichen Flecken an den, bei Gelegenheit von T. Swainsoni citirten, gebänderten Exemplaren von T. dilatata. Die Art ist überhaupt nach einem Unicum aus Cuming's Sammlung beschrieben worden, und könnte wohl eine zufällige Abnormität sein. Der Deckel ist unbekannt; ich habe daher vorgezogen Blanfords Beispiele nicht zu folgen und die Art einstweilen als solche stehen zu lassen bis neue Beobachtungen erlauben ihren Werth zu bestimmen.

Gattung **Stomatodon** Benson.

T. globoso-turrita, spira parvula, brevi, in adultis erosa; *columella luta, cullosa, basi intus subito truncata et conspicue dentata.* — Operculum lamellosum, nucleo marginali dextrorso, ad mediam altitudinis partem posito.

Diese Gattung enthält bis jetzt nur eine einzige Art, welche von Benson (Ann. Mag. N. H. 1862) als Tanalia stomatodon beschrieben worden ist, mit der Bemerkung dass sie wohl ein neues Genus bilden könnte. Die Columelle ist sehr breit, flach, und der von Tanalia nicht unähnlich; ihr äusserer Rand ist stark gebogen und setzt sich in den Basalrand ununterbrochen fort, der innere Rand dagegen ist stark ausgehöhlt und an der Basis durch einen tiefen Einschnitt plötzlich unterbrochen, wodurch ein deutlich vorstehender Zahn gebildet wird. Diese Beschaffenheit der Columelle ist nicht etwa dem erwachsenen Zustande eigen, sondern zeigt sich auch bei jungen Schalen und ist also zu jeder Lebensperiode der Schnecke vorhanden; dieser Umstand ist wichtig, und scheint mir die Aufstellung einer neuen Gattung zu rechtfertigen, für welchen ich den von Benson eventuell vorgeschlagenen Namen annehme.

1. Stomatodon Bensoni Brot.
Taf. 5. Fig. 2. 2a. 2b.

T. globoso-turrita, solidula, laevigata, basi tantum lineis elevatis nonnullis instructa, fusco-olivacea vel nigricans. Spira acute subexserta, subconcave attenuata, plerumque erosa; anfr. 2—3 superst., supremi convexiusculi, ultimo inflato, globuloso. Apertura ovato-acuta, superne acutiuscula, intus violaceo-fusca, obscura. Columella lata, planulata, alba, extus castaneo limbata, *basi subito truncata, dente prominente acuto munita.* (Coll. mea.)

Alt. 11, lat. 10; Apert. alt. 8, lat. 6 Millim. (Specim. adultum, spira erosa.)

Habit. Südliches Indien, Travancore (Benson), Malabar (Coll. mea).

* Tanalia (?) stomatodon Benson Ann. Mag. N. H. 1862 c. fig.

Paludomus stomatodon (Bens.) Hanl. Theob. Conch. Ind. t. 108 f. 1.

Gehäuse kugelig-gethürmt, mässig festschalig, glatt, nur an der Basis mit einigen schmalen erhabenen Linien versehen, bräunlich olivenfarbig oder schwärzlich. Gewinde wenig erhoben, spitz und subconcav verschmälert, im erwachsenen Zustande gewöhnlich

14

abgenagt; die oberen Umgänge, wenn sie vorhanden sind, mässig convex, der letzte aufgeblasen, kugelförmig. Mundöffnung spitz-eiförmig, inwendig dunkel bräunlich-violett gefärbt; Columelle weiss nach aussen braun gesäumt, an der Basis plötzlich abgeschnitten, in einen spitzigen, hervorstehenden Zahn endigend.

Fig. 2 ist ein erwachsenes Exemplar mit abgefressener Spira, 2a. eine junge Schale an welcher der charakteristische Zahn der Columelle schon vorhanden ist und zwar ebenso deutlich entwickelt, wie bei dem erwachsenen Stücke.

* T. ovato-globosa, solida, laeviuscula, (juniorum polita) striis spiralibus obsoletis induta, olivaceo nigrescenti; spira brevi, erosa, sutura impressa, anfract. 3 superst.; superioribus convexiusculis, ultimo convexo; apertura ovato-acuta, albida, intus demum angustiore, sinuata; peristomate integro margine dextro basalique acuto, columellari late calloso, infra latiore, subito intus truncato, dente prominente crasso munito. — Alt. 14, lat. 12 mill. — Habit. Aq. dulc. montium prope Cottyam. (Travancore); invenit Kohlhoff. (B.)

Gattung **Philopotamis** Layard.

(Syn. Heteropoma Benson fide Adams.)

T. saepius globuloso-turrita; columella callosa vix planulata. Operculum sub-spiratum, nucleo basali, dextrorso, submarginali.

Diese Gattung ist von Layard in den Proc. Z. S. 1852 u. Annals and Magazine 1855 vorgeschlagen und charakterisirt worden; sie ist hauptsächlich durch die Struktur des Deckels ausgezeichnet, welcher mehr oder weniger deutlich subspiral ist mit einem nach Rechts gelegenen, subbasalen und submarginalen Nucleus. Diese spirale Structur ist in den verschiedenen Arten sehr ungleich ausgebildet; bei Ph. violaceus (welcher des-halb von Blanford zu Tanalia gerechnet wird) ist sie kaum sichtbar, während P. nigri-cans einen deutlich gewundenen, demjenigen von M. spinulosa ähnlichen Deckel besitzt. Die äussere Gestalt der Schale ist im allgemeinen weniger globulös als bei Ta-nalia; die Spira ist mehr entwickelt, aber allerdings gewöhnlich abgefressen und die ab-solute Grösse ist durchschnittlich eine geringere.

Die Philopotamis leben alle auf Ceylon, mit der Ausnahme von einer Art, welche aus Sumatra stammen soll.

1. Philopotamis violaceus Layard.
Taf. 5. Fig. 3. 3a. 3b.

T. globoso-turrita, solidula, olivaceo-fusca, nigrescens. Spira brevis, *exserta*, saepius, erosa; anfr. persist. 2—3, convexi, longitudinaliter obsolete striati, striis subdistantibus, crispulis, saepe evanidis vel infra suturam tantum conspicuis; lineis incrementi crebris tenuissimis. Apert. ovata, superne acutiuscula, basi rotundata; columella *latinscula, planu-lata*, modice arcuata, extus castaneo limbata; margine dextro acuto, arcuato. Apert. intus *violaceo-fusca*. — Opercul. subspiratum, nucleo dextrorso, *subbasali*, marginali. (Coll. mea).

Alt. 15, lat. 12; Apert. alt. 11, lat. 7 Mill. (anfr. 3.)

Habit. Rivul. prope Adam's Peak. (Layard).

* Tanalia violacea Layard. Ann. Mag. N. H. 1855, p. 138.

Blanford. Trans. Lin. Soc. Lond. XXIII p. 605.

Philopotamis violaceus (Layard.) Brot Mater. III. p. 54 t. 3 f. 16.

Gehäuse kugelig-gethürmt, mässig festschalig. bräunlich-olivenfarbig oder schwärzlich. Gewinde kurz, abgefressen; Umgänge 2–3 convex, der Länge nach mit etwas entfernten, undulirten oft obsoleten oder nur unter der Naht sichtbaren Längsstreifen versehen; Anwachslinien sehr fein und gedrängt. Mundöffnung eiförmig, oben spitz, an der Basis gerundet; Columelle flach und ziemlich breit, mässig gebogen, nach aussen braungesäumt. Aussenrand schneidend, gebogen. Mundöffnung inwendig violettfarbig.

Eine Art, welche wegen ihrer flachen, breiten Columelle etwas zweideutig ist, und in der That von Layard und Blanford zu Tanalia gezogen wird; nach meinen, von Blanford erhaltenen Exemplaren, scheint mir jedoch die Struktur des Deckels sowie der ganze Habitus der Schale eher für die Vereinigung mit Philopotamis zu sprechen. Ich habe hier eine Copie der Figur des Deckels bei Blanford gegeben, welche mit meinen Exemplaren überhaupt vollkommen übereinstimmt.

> * Shell globose; axis 6 lines, diam. 5 lines. Spire very short, slightly exserted. Whorls rounded, ventricose, spirally grooved with close-set, fine, minutely decussated striae (in one Var. the striae become ridges). Colour a dark bluish-brown, almost amounting to black, with darkish brown patches appearing in some specimens. Apert. deep violet inside; columella white, stained on the outside edge with dark brown. — Hab. a small mountain torrent in a dense forest between Gillymalle and Pallabaddoola, towards Adam's Peak Ceylon. (L.)

2. Philopotamis olivaceus Reeve †.
Taf. 2. Fig. 11.

„T. ovata, apicem versus attenuata, spira exserta, anfr. undique laevigatis; apert. mediocri, labro subeffuso; olivacea, nigro hic illic maculata, apertura *nigerrimo-fusca*, limbo albido, *nigro tessellato*.

Alt. 27, lat. 24; Apert. alt. 20, lat 15. (anfr. 2).

Habit. Point Palmas Sumatra." (R.)

Paludomus olivaceus Reeve Conch. Icon. f. 5.

Eine mir unbekannte, in den Sammlungen noch wenig verbreitete Art, welche durch die intensiv dunkle Färbung des Inneren der Mündung von allen verwandten leicht zu unterscheiden ist. Die Struktur des Deckels scheint unbekannt zu sein, so dass ihre generische Verwandtschaft etwas zweifelhaft bleibt; die Aehnlichkeit der Schale mit den folgenden Formen lässt aber vermuthen, dass sie wohl zu Philopotamis gehöre.

3. Philopotamis globulosus Gray.
Taf. 2. Fig. 9. 11; Taf. 5. Fig. 4. 5.

T. *globosa, crassa*, fusco-olivacea. Spira erosa; anfr. persist. 2 *superne planulati*; ultimus maximus, *superne inflatus*, infra suturam *planulatus* et angulatus, *ibique longitudinaliter obsolete sulcatus*, infra angulum sublaevigatus, sub lente nonnunquam tenuissime transversim striatus. Apert. ovata, intus alba vel obscure bifasciata, *busi subattenuata;* columella callosa, arcuata, margine dextro superne valde arcuato. — Opercul. typicum, nucleo a margine dextro sat distante. (Coll. mea).

Alt. 22, lat. 20; Apert. alt. 19. lat. 10¹/₂ Millim. (spira erosa).

Habit. Ceylon: Kandy, Ambegammoa, Balcadua Pass. (Blanford).

Melania globulosa Gray Griff. Cuv. t. 14 f. 6.

* Paludomus globulosus (Gray) Reev. Conch. Icon. f. 4 a. b.

Chenu Man. Conch. f. 2210.

Hanl. Theob. Conch. Ind. t. 123 f. 5.

Philopotamis globulosa (Gray) partim. Blanf. Trans. L. S. L. XXIV.

? Paludomus globosus (Gray) H. A. Ad. Gen. of rec. Moll. t. 36 f. 2b.

Gehäuse kugelig, dickschalig, bräunlich-olivenfarbig. Gewinde beinahe vollkommen abgefressen; Umgänge 2 unter der Naht abgeflacht, der letzte sehr gross, oben etwas aufgetrieben, unter der Naht abgeflacht, kantig und mit einigen Längsstreifen versehen, unten beinahe glatt, oder unter der Loupe sehr fein quergestreift. Mundöffnung eiförmig, an der Basis etwas verschmälert, inwendig weiss oder mit 2 oft undeutlichen Binden; Columelle schwielig, gebogen; Aussenrand oben stark gebogen.

Diese Art wird von Blanford (loc. cit.) mit der folgenden vereinigt, scheint mir aber wohl begründet zu sein; die Spira ist an meinen Exemplaren vollkommen abgenagt, könnte aber möglicherweise wenn sie erhalten ist eine feine, schnell und concav verschmälerte Spitze bilden, wie es bei Phil. bicinctus der Fall ist. Die Schale ist gewöhnlich einfarbig, kommt aber auch mit braunen, inwendig sichtbaren Längsbinden vor und ist immer mit einigen Furchen unter der Naht versehen, was ich an keinem von meinen zahlreichen Exemplaren von bicinctus aus Ceylon wahrnehme.

* T. globulosa, solida, spira plano-depressa, anfr. superne tumidis, undique laevigatis; olivacea, apertura albida, nigro conspicue trifasciata. — Ambegamoa (Ceylon). (R.)

4. Philopotamis bicinctus Reeve.

Taf. 5 Fig. 6—9, 11. 12.

T. *oblongo-globosa*, crassiuscula, fusco-olivacea. Spira breviter *mucronata, acuta* sed plerumque omnino erosa; anfr. persist. 3, *convexi;* ultimus magnus, *ovatus, regulariter convexus* vel infra suturam *paululum constrictus*, transverse irregulariter tenue striatulus. Apert. ovata, intus late castaneo bifasciata, superne acuta, basi rotundata, *vix producta;* columella callosa, arcuata; margine dextro superne paullulum appresso, haud dilatato, deinde sensim arcuato. — Opercul. typicum. (Coll. mea).

* Alt. 21, lat. 16; Apert. alt. 16, lat. 8 Millim. (anfr. 3.)

Habit. Ceylon: Peradenia (Humbert, Blanford)

I. 25.

3

* Paludomus bicinctus Reeve Proc. Z. S. L. 1852.
  Hanley Conch. Misc. f. 42.
  Hanl. Theob. Conch. Ind. t. 123 f. 10.
** Paludomus abbreviatus Reev. Proc. Z. S. 1852.
  Hanl. Theob. Conch. Ind. t. 125 f. 7.

Gehäuse oblong-globulös, mässig festschalig, bräunlich-olivenfarbig. Gewinde klein, rasch und concav zugespitzt, gewöhnlich aber abgefressen; Umgänge 3, convex, der letzte gross, eiförmig, gleichmässig gewölbt, oder unter der Naht schwach eingeschnürt, in der Quere fein aber unregelmässig gestreift. Mundöffnung eiförmig, inwendig mit zwei breiten kastanienbraunen Binden verziert, oben spitz, an der Basis gerundet, kaum vorgezogen; Columelle schwielig, gebogen; Aussenrand oben etwas angedrückt, nicht erweitert, dann gleichmässig gebogen. — Deckel typisch.

Diese Art unterscheidet sich von der vorhergehenden durch ihren mehr eiförmigen, unter der Naht nicht aufgetriebenen letzten Umgang. Die zwei Binden haben keinen spezifischen Werth, da sie auch bei Phil. globulosus vorkommen können; bisweilen ist eine dritte Binde inwendig an der Naht sichtbar. Die Spira, wenn sie vorhanden ist, ist schnell und concav zugespitzt und besteht aus fünf convexen Windungen (Fig. 8); vielleicht ist sie aber bei Phil. globulosus ähnlich gestaltet, was ich an meinen Exemplaren nicht constatiren kann. Die junge Schale ist, wie man an meiner Fig. 8 sehen kann etwas anderes gestaltet als die erwachsene und könnte eher für einen jungen Ph. globulosus gehalten werden, allein es fehlen die für diese Art charakteristischen Furchen unter der Naht. Ich kann P. abbreviatus Reev. (Fig. 11. 12) von bicinctus durchaus nicht unterscheiden.

* T. globosa vel oblongo-globosa, longitudinaliter subobscure sulcato-striata, spira brevi anfr. convexis superne subdepressis et minute spiraliter sulcatis; olivacco fusca, nigricante obscure bifasciata; apert. albida. Mountain streams (Layard).

** T. abbreviato-ovata, solida, neritiformi; spira brevissima, anfr. superne plano- declivibus, deinde convexis, laevibus; Apert. subampla; olivacea lineis duabus fuscis interdum obsolete cingulata; aperturae fauce fasciata. Hab. Ceylon. — (R.)

5. Philopotamis clavatus Reeve.
Taf. 5. Fig. 13. 14.

T. oblongo-ovata, subfusiformis, solidula, viridi-olivacea, obscure nigro fasciata, nitida. Spira exserta, erosa; anfr. 3½ persist. convexiusculi, sutura impressa divisi, laevigati; ultimus magnus, superne declivi-planulatus basi attenuatus. Apertura fusiformi-ovata, intus alba vel brunneo vivide bi-vel trifasciata, superne acuta, attenuata, basi producta, anguste rotundata; margine dextro superne appresso deinde modice arcuato; columella incrassata, arcuata, rufo tincta. — Opercul. normale. (Coll. mea).

Alt. 20, lat. 13; Apert. alt. 13, lat. 7 Millim. (anfr. 3½).

Habit. Bergströme auf Ceylon (Reeve).

* Paludomus clavatus Reeve Proc. Zool. S. L. 1852.
Brot Catal. of rec. Mel. Nr. 16.
Hanl. Theob. Conch. Ind. t. 123 f. 4.
Philopotamis globulosa Gray Var. Blanf. Trans. L. S. L XXIV.

Gehäuse oblong-eiförmig, spindelförmig, mässig festschalig, grünlich-olivenfarbig, undeutlich gebändert, glatt und glänzend. Gewinde ausgezogen, an der Spitze abgefressen; Umgänge $3^{1}/_{2}$, kaum convex, durch eine deutliche etwas wulstig eingedrückte Naht getrennt; letzter Umgang oben decliv-abgeflacht, gegen die Basis zu verschmälert. Mundöffnung spitzeiförmig, inwendig weiss oder mit drei dunklen Binden, oben spitz und verschmälert, an der Basis schmal gerundet; Aussenrand oben angedrückt dann mässig gebogen; Columelle schwielig, gebogen, blass bräunlich gefärbt. — Deckel normal.

Eine sowohl durch ihre grünliche Farbe als durch ihre eiförmig-spindelförmige Gestalt gut charakterisirte Art, welche von Blanford unrechter Weise mit Phil. globulosus vereinigt wird.

* T. oblongo-ovata, utrinque attenuata, crassa, ponderosa, spira breviuscula, conica; anfr. laevibus conico-declivibus; nigricante-olivacea; apert. subdilatata, callosa, alba. (Dimens.?)
Habit. Mountain streams, Ceylon. (R.)

6. **Philopotamis decussatus** Reeve.
Taf. 5. Fig. 15. (nach Hanl. Theob.); 16.

T. acuminato-ovata, crassiuscula, pallide corneo-olivacea, obscure livido fasciata. Spira subintegra, acuminata; anfr. persist. 4 convexiusculi, sub lente obsoletissime et tennissime decussatuli; anfr. ultimus ovatus, modice convexus. Apertura acute ovata, intus fuscula; columella calloso-incrassata, margine dextro regulariter arcuato, crassiusculo. Opercul. normale. (Coll. mea.)

Alt. 16, lat. 11; Apert. alt. 11, lat 6. Mill.
Habit. Ceylon. (Layard).
* Paludomus decussatus Recv. Proc. Z. S. 1852.
Hanl. Theob. Conch. Ind. t. 123 f. 3.
** Philopotamis decussatus (Recv.) Blanf. Trans. L. S. XXIV. t. 27 f. 6. 10.

Gehäuse spitzeiförmig, ziemlich dickschalig, blass gelblich olivenfarbig, undeutlich livid gebändert. Gewinde wenig abgefressen, zugespitzt; Umgänge 4, mässig convex, unter der Loupe (besonders die oberen) äusserst fein und etwas undeutlich gegittert; letzter Umgang eiförmig, mässig convex. Mundöffnung eiförmig, oben spitz, inwendig bräunlich; Columelle bedeutend verdickt und callös; Aussenrand gleichmässig gebogen, inwendig etwas verdickt.

Blanford bemerkt, dass er nur die authentischen Exemplare in Cuming's Sammlung gesehen habe, an welchen er die gitterige Skulptur nicht entdecken konnte. An meinen

3*

Exemplaren welche mit Blanford's Figur übereinstimmen, ist dieser Charakter allerdings
nur unter der Loupe und zwar sehr fein und undeutlich wahrzunehmen. Hanley's und
Theobald's Abbildung ist bedeutend grösser als meine Exemplare,; und deutlicher gebändert, scheint aber wohl zu derselben Art zu gehören. Bei zwei jungen Stücken aus
meiner Sammlung mit noch unversehrter spitzer Spira, sind die Bänder inwendig so ver-
schmolzen, dass die Mündung ganz braun aussieht, mit der Ausnahme des Aussenrands
und einer subbasalen schmalen Binde, welche weiss sind.

Diese Art unterscheidet sich leicht von den übrigen durch ihre merklich dicke Schale
und blasse, livide Färbung; die Columelle ist besonders auffallend verdickt.

* T. acuminato-oblonga, tenuiuscula, spira subacuta; anfr. convexis, striis minutis longitudinalibus et transversis undique subtilissime decussatis; apert. parviuscula, oblonga; virescenti-olivacea, fasciis tribus rufo-nigricantibus cingulata. — Ceylon. (Layard.) (R.)

** Shell ovate-conical, smooth (or decussate?) Epidermis citrine; shell ornamented with 2
broad spiral bands of colour, with a narrow interspace on the periphery. Spire rather
small acute, elevately conical. Whorls 5, the upper somewhat flattened. the last large
somewhat cylindrical. Apert. ovate pointed above equal to 3/5 the height of the shell.
Peristome white. Opercul. obliquely piriform, nucleus small spiral, close to the outer mar-
gin. subbasal. (Specim. in Mus. Cuming.) (B.)

7. Philopotamis sulcatus Reeve.
Taf. 2. Fig. 7. 8; Taf. 5. Fig. 17—20.

T. centricoso-turrita, solidula, luteo-olivacea, nigro sparsim strigata, vel saepius ferru-
gineo tincta. Spira exserta, decollata; anfr. persist. 3—4 convexi, longitudinaliter crebre
et regulariter sulcati, interstitiis liraeformibus, striis transversis confertis minute decussati;
anfr. ultimus subventricosus, uniformiter convexus. Apert. ovata, superne acuta, basi rotundata; columella latiuscula, arcuata; margine dextro in adultis incrassato, minute crenulato. Apertura intus vel alba, vel intense fusca, vel strigata; peristomate albo, rarius luteo
vel vivide ochraceo. — Operculum typicum. (Coll. mea).

Alt. 15—26, lat. 11—20; Apert. alt. 10—18, lat. 6—10 Millim. (spira erosa).
Var.: Spira elatiore, anfract. minus convexis, striis simplicibus, haud decussatis. Apertura intus 2—3 vittata.

Habit. Ceylon: Ratnapoora (Gardner): Peradenia (Humbert).
* Paludomus sulcatus Reev. Conch. Icon. f. 8 a—c.
Hanl. Theob. Conch. Ind. t. 123 f. 2.
Philopotamis sulcatus (Reev.) Layard Ann. Mag. 1855.
Blanford Tr. L. S. L. XXIV t. 27, f. 5 a—c, 11.

Gehäuse bauchig-gethürmt, etwas festschalig, gelblich-olivenfarbig, hie und da mit
schwarzen Striemen verziert, aber gewöhnlich schwärzlich-rostfarbig. Gewinde ziemlich
entwickelt, decollirt; Umgänge 3—4, convex, der Länge nach dicht und regelmässig gefurcht mit erhobenen reifähnlichen Zwischenräumen, durch feinere Querstreifen elegant

gegittert; letzter Umgang etwas bauchig, regelmässig convex. Mundöffnung eiförmig, oben spitz, an der Basis gerundet; Columelle etwas breit, gebogen; Aussenrand im erwachsenen Zustande verdickt und fein gekerbt. Mundöffnung inwendig weiss oder mit dunkeln Striemen oder Binden verziert; Peristom weiss oder gelblich, seltener intensiv roth gefärbt. Deckel normal.

Von den vorhergehenden durch ihre erhaben gethürmte Spira und ihre regelmässig gefurchte, fein gegitterte Oberfläche leicht zu unterscheiden; einige von Layard erhaltene Exemplare zeichnen sich durch sehr starke Decollation, festere, dickere Schale und lebhaft roth gefärbtes Peristom aus. Ich besitze diese Art in zwei Varietäten: die Fig. 17 und 18 sind als Typus zu betrachten; sie sind beide nach ausgewachsenen Stücken gezeichnet. Fig. 19. 20 ist eine aus Peradenia (Ceylon) von Herrn Humbert zurückgebrachte Varietät welche sich in mehrfacher Beziehung vom Typus entfernt: die Umgänge sind weniger convex, und sind einfach gestreift (anstatt erhabene, durch gleichbreite Zwischenräume getrennte Reifchen zu zeigen) nicht gegittert; die Mundöffnung ist inwendig durch mehr oder weniger zusammenfliessende Längsbinden sehr dunkel gefärbt. Diese Varietät scheint mit der typischen Form zusammen zu leben, und sollte vielleicht trotz der grossen äusseren Aehnlichkeit spezifisch unterschieden werden; ich besitze wenigstens in meiner Sammlung keine Zwischenformen.

* T. ovata, spira prominula, anfr. rotundatis, spiraliter creberrime sulcatis, sulcis lirisque intermediis striis longitudinalibus creberrime decussatis; luteo-olivacea, nigricante hic illic picta, interdum tota nigra, intus albida. — Hab. Bergströme zu Ratnapoora. (Gardner). (R.)

8. Philopotamis regalis Layard.
Taf. 6. Fig. 1—4

T. globoso-turrita, luteo-olivacea, fulguratim nigro-strigata, saepius uniformiter ferrugineo-nigro tincta. Spira exserta, decollata; anfr. persist. 2—3 convexi, superne angulati, ad angulum spinulis squamaeformibus acutis uniseriatim coronati, longitudinaliter crebre lirati, liris angustis, striis transversis crebris minute decussatis. Apert. intus alba, strigis angularibus pellucentibus, ovata, superne biangulata, basi rotundata; columella latiuscula, arcuata, margine dextro subincrassato, minute crenulato. — Opercul. normale. (Coll. mea).

Alt. 25, lat. 20; Apert alt. 17, lat. 11 Millim. (anfr. 3.)

Habit. Ceylon (Layard); Cnia Corle, Westprovinzen von Ceylon (Hanl. Theob.)

* Philopotamis regalis Layard Proc. Z. S. 1854; Ann. Mag. 1855 p. 139.

Brot Mater. III. p. 54, t. 3 f. 15.

Paludomus regalis (Layard) Hanl. Theob. Conch. Ind. t. 121 f. 10.

Gehäuse kugelig-gethürmt, gelblich-olivenfarbig mit schwarzen fulgurirten Striemen verziert, gewöhnlich aber einfarbig rostfarbig-schwarz. Gewinde mässig erhoben, decollirt, selbst bei ganz jungen Exemplaren; Umgänge 2—4, convex, oben kantig und mit einer Reihe kleiner schuppenförmiger, spitziger Stacheln verziert, der Länge nach dicht und regelmässig gefurcht, mit erhobenen schmalen Zwischenräumen, und durch feine Querstreifen fein gegittert. Mundöffnung inwendig weiss mit schwach durchscheinender Zeichnung, breit eiförmig, oben doppelwinklig, an der Basis gerundet; Columelle etwas breit, gebogen; Aussenrand mässig verdickt, fein gekerbt. — Deckel normal.

Nach brieflichen Mittheilungen von Herrn Morelet sollte diese Art zu Tanalia gehören, und in der That ist eins von meinen Exemplaren mit einem ächten ziemlich gut passenden Tanalia Deckel versehen; ich habe aber in den letzten Zeiten andere Exemplare untersuchen können, bei welchen der Deckel authentischer zu sein scheint und deutlich zu Philopotamis gehört, so dass ich jetzt keine Zweifel mehr habe über die Gattung zu welcher diese Art gehören soll. Ihre Verwandschaft mit Phil. sulcatus ist überdies sehr gross; die Skulptur ist genau dieselbe; die allgemeine Gestalt ist ähnlich, nur sicht Phil. regalis etwas bauchiger aus wegen der Kante am oberen Theile der Umgänge. Die eleganten schuppenförmigen Stacheln existiren immer im Jugendzustand und verschwinden oft allmälig auf den letzten Umgängen, aber nach meinen Exemplaren zu urtheilen, bleibt die Kante auf welcher sie sitzen immer deutlich sichtbar. — Fig. 1. 2 stellen die gewöhnliche Form vor, Fig. 3 ist eine dichter und feiner gestreifte Varietät.

* Shell oblong ovate; axis 1, diam 9 lines. Spire exserted, short. Whorls rounded, depressed at the upper part, spirally corded with close-set slight ridges, longitudinally minutely striated and crowned with a single row of short, sharp, hollow, angular spines closely set. Colour yellowish-olive, painted with wavy, dark brown longitudinal lines. Aperture pure white. — Operc. unknown, but most probably as in P. sulcatus. — Hab. Stream in the Cnia Corle, Western province, Ceylon. (L.)

9. Philopotamis nigricans Reeve.
Taf. 2. Fig. 1. 2; Taf. 6 Fig. 5 5a. 6. 6a

T. parvula, conoideo-turrita, solidula, rufescenti-olivacea sub strato nigerrimo, aetate juvenili castaneo varie strigata. Spira satis elevata, decollata; anfr. persist. 3—4 convexiusculi, sutura distincta divisi, sublaevigati; anfr. ultimus basi obtuse angulatus. Apertura ovata intus livido-fusca, superne acutiuscula, basi rotundata; columella arcuata, subincrassata; margine dextro regulariter arcuato, subincrassato. Operculum typicum, distincte spiratum. (Coll. mea).

Alt. 16, lat. 11; Apert. alt. 10, lat. 6 Millim. (anfr. 3).
Habit. Ceylon. Bergströme (Gardner); Paudel Oya Vall., Newra Ellya (Humbert).
* Paludomus nigricans Reev. Conch. Icon. f. 6.
Chenu Man. Conch. f. 2213.
Hanley Theob. Conch. Ind. t. 124 f. 1.
Philopotamis nigricans (Reeve) Blanf. Trans. Lin. S. L. XXIV t. 27 f. 3a - e, 15a b.

23

Var. ♂. forma exacte typica, sed longitudinaliter confertim elevato-striata, striis transversis decussata, saepe eximie granulosa. (Coll. mea).
Habit. Newra Ellya cum forma typica (Humbert).

Gebäuse klein, konisch-gethürmt, ziemlich festschalig, bräunlich-olivenfarbig unter
einem tief schwarzen Ueberzuge, in der Jugend mit kastanienbraunen Striemen verziert.
Gewinde ziemlich ausgezogen, decollirt; Umgänge 3—4, etwas convex, durch eine feine
deutliche Naht getrennt, beinahe glatt; letzter Umgang an der Basis stumpfwinklig.
Mundöffnung eiförmig, oben wenig zugespitzt, an der Basis gerundet; Columelle gebogen,
etwas verdickt; Aussenrand gleichmässig gebogen, am Rande stumpf. Deckel typisch aber
besonders deutlich spiral gewunden.

Die Var. ♂. (Fig. 6. 6a.) unterscheidet sich vom Typus einzig und allein durch die
Skulptur ihrer Oberfläche; sie ist längsgefurcht und quergestreift, wodurch eine oft sehr
elegante Granulirung entsteht. Sie lebt mit dem Typus vermischt, und ist mit ihm durch
Uebergangsformen innig verbunden.

Diese Art kann mit keiner anderen in der Gattung verwechselt werden, wohl aber
mit Paludomus palustris Layard, welcher eine ähnliche Gestalt und eine der Varietät ♂
analoge Skulptur besitzt; die beiden Arten sind aber wegen der Structur des Deckels
nicht nur spezifisch, sondern auch entschieden generisch verschieden.

Der Philopotamis nigricans ist von allen Paludomus Arten (sensu latiore),
derjenige welcher den wahren Melanien am nächsten steht, so wohl wegen seiner äusseren
Gestalt, als wegen ihrem deutlich spiral gewundenen Deckel, dessen Nucleus nur etwas
mehr nach der rechten Seite gelegen ist.

* Pal. testa ovata, spira prominula, exserta, anfr. laevibus, basin versus subindistincte an-
gulatis; nigricante, intus caerulescente-alba. — Ceylon in Mountain streams at 6000 f.
elevation. (Gardner). (R.)

Gattung Paludomus Swainson (Sensu stricto).

(Syn. Rivulina Lea).

T. ovoideo-turrita, paludinaeformis; columella callosa sed vix planulata. Operculum concentrice striatum, sed nucleo spirali, sinistrorso, a margine parum distante, ad ¹/₂ altitudinis partem posito.

Der Name Paludomus gehört eigentlich nicht mehr dieser Gattung als den vorhergehenden, da Swainson vom Deckel gar nichts sagt und seine neue Gattung für die mit kurzer Spira versehenen Melanien vorschlägt; er wird nur desshalb angenommen weil der Autor einige hieher gehörigen Arten als Typen citirt.

Die Struktur des Deckels ist eigenthümlich, indem der Nucleus spiral gewunden ist, während der peripherische Theil deutlich concentrisch gestreift ist; eine ähnliche Bildung findet bei zwei, den Paludinaceen gehörenden Gattungen statt, nämlich Lioplax aus Nord Amerika, und Cleopatra aus Ostafrika, nur mit einem mehr central stehenden Nucleus. Diese beiden Gattungen sind aber mehr oder weniger deutlich genabelt, und das Thier soll einen einfachen, nicht gefranzten Mantelrand besitzen. Die Form der Schale ist ziemlich verschieden nach den Arten, bald globulös bald deutlich gethürmt.

Die geographische Verbreitung dieser Gattung ist nicht so beschränkt wie die der vorhergehenden, scheint sogar eine sehr ausgedehnte zu sein und erstreckt sich von Ceylon aus auf das indische Festland und Bengalen, nach Osten bis zu Burmah und Tenasserim und nach Westen zu den Seychellen, Mauritius, Madagascar und der östlichen Küste von Afrika bei Hafoun am Guardafui Vorgebirge. Es sind einige Arten aus Borneo und nach Lea aus Timor beschrieben worden. Die Arten scheinen besonders in ruhigen Gewässern und Sümpfen zu leben; sie sind zum Theile in den Sammlungen weniger verbreitet, daher weniger bekannt als die Tanalia und Philopotamis, ihre allgemeine Gestalt und ihre Skulptur sind dabei ziemlich einförmig, so dass die Feststellung der Arten noch sehr unsicher ist.

Ich habe die von v. Martens (Kön. Ac. Wiss. Berlin 1878) beschriebenen Paludomus africanus und exaratus weggelassen, da ich sie wegen dem deutlichen Nabelritze als zur Gattung Cleopatra gehörig betrachte.

1. Paludomus Stephanus Benson.

Taf. 6. Fig. 7. 7a. 7b.

T. *globoso-turrita*, solidula, olivaceo-fusca, fasciis duabus nigris, angustis, parum conspicuis cincta, (una peripherica, altera subbasali). Spira subtabulata, erosa; anfr. persist. 2¹/₂—3 superne angulati, *ad angulum spinis plenis, brevibus, acutis, subascendentibus (circa 9—11 in anfr. ultimo) coronati*, supra angulum concaviusculi, ibique striis longitudinalibus 2—3 instructi, infra angulum laeviusculi vel sub lente transversim vix striatuli; anfr. ultimus globosus. Apert. late ovata, subrotundata, margine dextro acuto, columellari calloso, modice arcuato. — Opercul. typicum. (Coll. mea).

Alt. 18, lat. 15; Apert. alt. 12, lat. 8 Millim. (anfr. 2.)

Habit. Indien; Assam (Damon), Bengalen (Reeve); Kopili Riv. North Cachar (Godwin-Austen).

Melania Stephanus Benson Journ. Asiat. Soc. Calcutta V p. 747.
Paludomus Stephanus (Bens.) Reeve Conch. Icon. f. 11.
Chenu Man. Conch. f. 2209.
Hanl. Theob. Conch. Ind. t. 122 f. 10.
* Melania coronata v. d. Busch Phil. Abbildg. t. 1 f. 5. 6.
Paludomus adustus Swainson (ubi?) Brit. Mus.

Gehäuse kugelig-gethürmt, etwas festschalig, bräunlich olivenfarbig, mit zwei meistens sehr undeutlichen schmalen dunklen Binden verziert, von denen die obere auf der Nahtlinie, die untere nicht weit von der Basis liegt. Gewinde bei erwachsenen Individuen immer stark abgefressen, im Jugendzustand wahrscheinlich kurz und treppenförmig abgesetzt; Umgänge 2¹/₂—3, oben mit einer Kante versehen, auf welcher ein Kranz von kurzen, spitzigen, etwas aufwärts gerichteten, vollen Dornen sitzt; oberhalb der Kante ist der Umgang etwas concav abgeflacht und mit 2—3 Längsstreifen versehen, unterhalb beinahe glatt oder höchstens unter der Loupe sehr fein quergestreift; letzter Umgang kugelig. Mundöffnung breit eiförmig, oben und unten gleichgerundet; Aussenrand einfach, schneidend; Columelle verdickt, mässig gebogen.

Die einzige Art in der Gattung, welche mit Dornen verziert ist, also leicht zu erkennen; die Dornen sind kurz und voll, mit Schalensubstanz gefüllt, nicht schuppenförmig wie bei Phil. regalis.

* T. ovata, ventricosa, solida, laevi, ochracea, apice decollata; anfr. paucis (3—3¹/₂) convexis, celeriter crescentibus, spinis acutis (circa 9) coronatis; apert. ovata, lactea, utrinque rotundata, margine acuto subreflexo. — Long. 7¹/₂'", lat. obliq. 7'''; apert. alt. 4''', lat. 3''. — Bengalen (V. d. B.)

2. **Paludomus reticulatus.** W. T. Blanford †.

Taf. 6. Fig. 16 (nach Hanl. Theob.)

„T. imperforata, globosa, solida, albida, epidermide fusca induta, *liris reticulatis* spiralibus et verticalibus decussato-sculpta, *lirarum intersectionibus nodiferis.* Spira brevis; apice eroso; sutura profunda. Anfr. superat. 2—3 convexi, ultimus infra suturam tumidus. Apertura ovalis, postice vix subangulata, parum obliqua, intus caerulescens; peristoma tenue, acutum, fere rectum, ad basin vix retrocurvatum, intus minute corrugatum, margine basali expansiusculo; columella mediocri. — Opercul. normale.

Diam. maj. 17, min. 13½; alt. 19 Mm.; Apert. 13 Mm. alta, 10 Mm. lata. Habit. Cashar (Godwin-Austen)." (Blanf.).

Paludomus reticulata Blanf. Contribut. Ind. Mal. XI pl. III f. 1.

(Journ. Asiat. Soc. Bengal. Vol. 39 part. II 1870 p. 9).

Hanl. Theob. Conch. Ind. t. 108 f. 4.

Diese Art ist mir unbekannt; sie scheint der vorhergehenden in der allgemeinen Gestalt ähnlich zu sein, unterscheidet sich aber durch deutliche knotige Skulptur und Mangel der Dornen.

3. **Paludomus conicus** Gray.

Taf. 2. Fig. 12. 13. 14. 15. Taf. 7. Fig. 6, 6a.

T. ovato-turrita, crassiuscula, fusco-olivacea vel atro-fusca, rarius obscure fasciata. Spira exserta, saepius valde erosa; anfr. persist. 2—3 convexi; ultimus *superne ad suturam leciter depresso-planulatus et striis longitudinalibus nonnullis instructus,* deinde sublaevigatus. Apertura mediocris, ovata, superne paullulum constricta, basi rotundata; columella incrassata, modice arcuata, margine dextro calloso-incrassato, superne paullulum appresso, deinde regulariter arcuato. Apertura intus alba vel obsolete 2—3 fasciata. — Operculum? (Coll. mea).

Alt. 21, lat. 15; Apert. alt. 13½, lat. 8 Millim. (anfr. 2½).

Habit. Indien (Petit); Ganges, Himalaya (Benson, Dr. Cantor in Reeve). Bengalen (v. d. Busch)

Melania conica Gray Griff. Cuv. t. 14 f. 5.

Paludomus conicus (Gray) Hanl. Conch. Misc. f. 34.

Reeve Conch. Icon. f. 14 a — c.

Chenu Man. Conch. f. 2211.

Hanl. Theob. Conch. Ind. t. 124 f. 4.

* Paludomus rudis Reev. Proc. Zool. S. L. 1852.

** Melania crassa v. d. Busch, Phil. Abbild. t. 1 f. 10. 11.

Paludomus crassus (v. d. B.) Brot Matér. I. p. 21.

Philopotamis crassus (v. d. B.) Brot Catal. of rec. Mel. p. 320.

27

Gehäuse eiförmig-gethürmt, ziemlich dickschalig, bräunlich-olivenfarbig oder schwärzlich, selten undeutlich gebändert. Gewinde ausgezogen, meistens stark abgenagt; Umgänge 2–3, convex; der letzte unter der Naht abgeflacht, mit einigen vertieften Linien versehen, dann beinahe glatt. Mundöffnung mittelmässig, eiförmig, oben ein wenig verschmälert, an der Basis gerundet; Columelle verdickt, mässig gebogen; Aussenrand am Rande verdickt, oben etwas angedrückt, dann regelmässig gebogen; Mundöffnung inwendig weiss oder mit 2–3 undeutlichen Binden. Deckel unbekannt.

Eine in der äusseren Gestalt ziemlich veränderliche Art, welche gewissen Varietäten von P. chilinoides wie z. B. P. constrictus sehr ähnlich aussieht, sich aber durch ihre Längsbinden unterscheidet. Diese Binden sind allerdings nicht immer vorhanden; dann ist die Schale einfarbig bräunlich olivenfarbig und nicht immer leicht von P. constrictus zu trennen; diese letzte Art zeigt aber gewöhnlich auf den oberen Umgängen Spuren von zickzackförmigen Querstriemen. Die Fig. 13 entspricht der in Reeve f. 14a, in Hanley Theob. Conch. Ind. (t. 124 f. 4) und in Hanley's Conch. Misc. (f. 34) abgebildeten Form; Fig. 14 ist der Fig. 14b in Reeve, Fig. 12 der Fig. 14c desselben Werkes ähnlich. Meine Fig. 6 auf Taf. 7 entfernt sich etwas von den vorher citirten Formen, scheint mir aber den Uebergang zu vermitteln zu M. crassa v. d. Busch (Taf. 2 Fig. 15), welche jetzt ziemlich allgemein und wohl mit Recht als Synonim des P. conicus betrachtet wird; sie zeigt dieselbe seitliche Abflachung des letzten Umganges, ist aber nicht dickschalig, da sie trotz ihrer ansehnlichen Grösse einen scharfen Aussenrand besitzt und also noch nicht ausgewachsen ist.

Paludomus rudis ist mir unbekannt und hier nur auf Hanley's und Theobald's Autorität in die Synonimie eingeführt.

* T. oblongo-ovata, solidiuscula; spira breviuscula; anfr. superne leviter depressis, undique obsolete costulato-striatis. Apert. subampla, intus callosa; fusco-olivacea immaculata, intus alba. Hab.? (R.)

** T. ventricosa, crassa, olivacea obsolete transversim striata, nitida, apice decollata; anfr. 2½ valde convexi; apert. ovata, superne rotundata; labio calloso. — Long. 12''', lat. 9'''; apert. 8''' longa, 5½''' lata. — Patria Bengalia.

Schon mit blossem Auge entdeckt man am unteren und oberen Theil des Umganges, feine querlaufende Streifen; in der Mitte sind sie weniger deutlich. Die Schale ist sehr dick, olivenbraun, die Mündung kreideweiss, die innere Lippe sehr stark verdickt und schwielig. (v. d. B.)

4. Paludomus chilinoides Reeve.

Taf. 2. Fig. 5. 6. Taf. 6. Fig. 8. 8a, 9, 10–15. Taf. 7. Fig. 13. 13a.

T. ovato-conica, solidula, luteo-olivacea, *maculis brunneis sagittatis longitudinaliter seriatis plus minusce picta*, anfractus ultimus nonnunquam immaculatus. Spira exserta, saepius apice erosa; anfr. 3–5 (integrae ad 6) convexi, *superne planulati et saepe subangulati vel declivo-convexi, laevigati*, vel sub lente obsoletissime longitudinaliter hic illic

4 *

28

crispato-striati; sutura simplex. Apertura ovata, superne acuta, basi rotundata; margine dextro superne paulo appresso, deinde arcuato; margine columellari calloso, praesertim ad angulum superiorem aperturae. — Opercul. typicum. (Coll. mea).

Var. a. Anfractibus transversim strigatis vel fulguratis.

Alt. 14—25, lat. 10—16; Apert. alt. 9—14½: lat. 5—8½ Millim. (anfr. 4).

Habit. Ceylon in paludosis aeque ac in rivulis. Kandy (Blanford, Humbert.) Peradenia (Humbert).

* **Paludomus chilinoides** Reeve Conch. Icon. f. 7 a—c.
Blanford Trans. Lin. S. L. XXIV. t. 27 f. 4a—f.
Hanl. Theob. Conch. Ind. t. 123 f. 2.
** **Paludomus constrictus** Reeve Proc. Zool. S. L. 1852.
Hanl. Theob. Conch. Ind. t. 126 f. 1. 4.
*** **Melania Zeylanica** Lea Proc. Zool. S. L. 1850.
Rivulina Zeylanica Lea ibid.

Var. a.

**** **Paludomus fulguratus** Dohrn Proc. Zool. S. L. 1857.
Hanl. Theob. Conch. Ind. t. 123 f. 1.
***** **Paludomus piriformis** Dohrn Proc. Z. S. 1858.
Hanl. Theob. Conch. Ind. t. 125 f. 2. 3.
Paludomus phasianinus (Reeve) Layard {Proc. Z. S. 1854. / Ann. Mag. N. H. 1855.
****** ?**Paludomus phasianinus** Reeve Proc. Zool. S. L. 1852.
Hanl. Conch. Misc. f. 62.
******* **Paludomus parvus** Layard Proc. Zool. S. L. 1854.
Ann. Mag. N. H. 1855.
Hanl. Theob. Conch. Ind. t. 108 f. 7.

Der typische Paludomus chilinoides ist ziemlich bauchig; seine Umgänge sind unter der Naht schief abgeflacht und oft mit einer ziemlich deutlichen Kante versehen; er ist meistens an der Zeichnung leicht zu erkennen. Bisweilen verwandeln sich die Längsreihen von Flecken in Querstriemen und so entsteht die Varietät a), deren verschiedene Formen besondere Namen erhalten haben, aber mit dem Typus durch deutliche Uebergänge verbunden sind; man findet nicht selten Exemplare, an welchen die oberen Umgänge typisch gezeichnet sind, während der letzte mit Querflammen verziert ist. Zu dieser Varietät gehören P. fulguratus Dohrn (Taf. 6 Fig. 11) mit zackigen Striemen und phasianinus (Reeve) Layard aus Ceylon (Taf. 6 Fig. 10. 12. 13) mit undulirten Striemen; hieher gehört auch meine Fig. 13. 13a, welche überdies durch ihre oblonge Gestalt ausgezeichnet ist und welche ich als P. piriformis Dohrn betrachte, obschon sie mit Hanley's und Theobald's Figur wenig Aehnlichkeit besitzt. P. constrictus (Taf. 6 Fig. 15) ist eine Varietät, bei welcher der letzte Umgang einfarbig ist und die fleckige

Zeichnung blos auf der Spira existirt; die Umgänge sind lose gewunden und etwas rinnenförmig unter der Naht ausgehöhlt; meine Figur ist nicht sehr characteristisch und gehört sogar eher zu P. conicus, eine Art, mit welcher P. constrictus leicht zu verwechseln ist, wenn die oberen gefleckten Umgänge fehlen.

Ich habe P. phasianinus als synonim mit chilinoides betrachtet; dies ist ganz gewiss der Fall für die von Layard aus Ceylon angeführte Form; es fragt sich aber ob die mir von Cuming geschickte Form aus den Seychellen (Taf. 6 Fig. 14) damit zu verbinden ist; die Umgänge sind weniger convex, mehr abschüssig unter der Naht, die Grundfarbe heller, die braunen Striemen sind häufiger. endlich ist der Habitus der Schale etwas verschieden; die Frage kann nicht mit einem einzigen Exemplare entschieden werden. Hanley und Theobald bilden eine dem P. phasianinus aus den Seychellen ähnliche Schnecke unter dem Namen von P. parvus Layard ab und behaupten, dass Layard aus Versehen spirale Linien seiner Art zugeschrieben habe, anstatt Längslinien, was wohl möglich ist; diese Form soll von Ceylon stammen.

* T. ovata, tenuicula, spira parva, exserta, anfr. superne depressis, laevibus; olivacea, nigro longitudinaliter undata. — Hab. Mahawelle Ganga. Kandy (Gardner.) (R.)

** T. subpyramidali-oblonga, solida, spira exserta, anfr. laevibus, vel obscurissime sulcatis, superne concavo-constrictis; olivacea, fascia nigro-punctata moniliformi versus apicem picta; apert. ovata, callosa, alba. — Ceylon, mountain streams, (Layard.) (R.)

*** T laevi, ovata, crassa, nitida, albida, aut virido-fusca, badio flammulata, spira brevi acuminata, apice acuta, aliquando erosa; sutura lineari; anfr. 5 convexis ad suturam superiorem impressis, maculis flammulatis aut sagittatis badiis; anfr. ultimo magno, bullato, basi laevi; apert. ovato-rotunda, superne angulata, inferne rotundata intus albida columella magna alba, superne incrassata, inferne curvata. Habit. Seychelle. Ceylon. Long. 0,9, lat. 0,6 p. (L.)

**** T. oblongo-ovata, tenera, spira elevata, apice obtuse, leviter longitudinaliter et spiraliter striata, laete olivacea, fusco-fulgurata, ad suturam impressam fusco-fasciata; anfr. 4 convexi, supra medium obsolete carinati; apert. oblonga, simplex, albida, lineis fuscis pellucentibus. Operc.? — Long. 16, lat. 13; apert. alt. 11, lat. 6 Mill. (D)

***** T. soliduscula, pyriformis, laete olivacea, striis viridibus brunneisque ornata, decussata, sutura striis aliquot valde impressis circumdata; anfr. 4 convexiusculi, ultimus ⅔ spirae subaequans, apertura oblonga margine columellari arcuato, albido, striis pellucentibus. — Opercul.? — Long. 2?, lat. 15; apert. alt. 15, lat. 9½ Mill. Ceylon. D.)

****** T. ovato-turbinata, irregulariter undata, spira acuta, anfr. convexis, laevibus, apert. parviuscula; alba rufo-fusco undique longitudinaliter undato-strigata. — Hab. Seychelle. (R.)

******* Shell ovate; axis 4 lines, diam. 4 lines; spire exserted, moderately long; whorls slightly rounded, smooth. Colour dark olive-yellow, more or less marked with fine spiral brown lines; aperture white. — Operculum as in P. chilinoides R. Hab. Bombay Mus. Cuming et Layard. (L.)

5. **Paludomus laevis** Layard.

Taf. 7. Fig. 1. 1a.

T. *globoso-turrita*, solidula, lutea, maculis brunneis longitudinaliter seriatis ornata. Spira exserta, integra; anfr. 7, uniformiter convexi. *subinflati*, sub lente tenuissime longitudinaliter crispato-striati. Anfr. *ultimus subglobosus*, saepe unicolor luteus. Apertura ovata, superne vix acuminata, callo parietali albo crasso, praesertim ad angulum superum, margine externo ad insertionem arcuato. -- Operculum typicum. (Coll. mea).

Alt. 22, lat 15; apert. alt. 13, lat 8 Millim.

Habit. Ceylon.

* Paludomus laevis Layard Ann. Mag. 1855.

Hanl. Theob. Conch. Ind. t. 108 f. 3.

Gehäuse kugelig-gethürmt, ziemlich festschalig, gelb, mit der Länge nach gereihten braunen Flecken verziert. Gewinde erhoben, unversehrt; Umgänge 7, gleichmässig convex, etwas aufgeblasen, unter der Loupe sehr fein der Länge nach crispirt-gestreift; letzter Umgang kugelig, oft einfarbig gelb. Mundöffnung eiförmig, oben kaum winklig; Parietalcallus weiss, dick, besonders am oberen Winkel; Aussenrand gleichmässig gebogen.

Diese Art ist vielleicht eine Varietät von P. chilinoides, hat doch ein eigenthümliches Aussehen, welches sie gleich erkennen lässt. Die Umgänge sind convex, etwas aufgeblasen, unter der Naht gleichmässig gewölbt, der letzte Umgang ist globulös, die Schale ist auffallend blass gelblich, oft einfarbig, wenigstens auf der letzten Windung; die Zeichnung, wenn vorhanden, ist blass und besteht aus kleinen Flecken; die Oberfläche der Schale ist nicht glatt wie bei P. chilinoides, sondern mehr oder weniger und manchmal sehr deutlich fein längsgestreift, etwas gekörnelt.

Die Figur in der Conch. Ind. ist charakteristischer als die meinige, welche zu einer etwas abgekürzten Varietät gehört.

* Shell oblong-ovate, axis 11, diam. 7 lines; spire acute, exserted, moderately long; whorls rounded, not depressed round the upper part, smooth. Colour olive-yellow, the lower whorls seldom marked, but the upper always spotted with one or two rows of arrowheaded dots; apex bluish; aperture white. — Opercul. as in chilinoides. — Hab. Ceylon in slow running streams on the northern side of the mountain zone extending into the flat country beyond Anarajahpoora. I also obtained a few in a paddy field in the island near Heneratgodde. L.)

6. **Paludomus rapaeformis** Sp. nov.

Taf. 5. Fig. 10.

T. *globoso-mucronata*, solidula, corneo-olivacea, nigro inquinata, unicolor. Spira subintegra, *parvula*, breviter concavo-mucronata; anfr. 6 (integrae ad 7) convexi, sutura distincta divisi. laevigati, lente crescentes; *ultimus subito inflatus, globosus, subincrispatus* vel striis incrementi tenuibus vix striatulus. Apertura ovata, superne acuminata, basi rotundata, intus alba, vel pallide late bifasciata; columella arcuata, crassiuscula. Operculum typicum. (Coll. mea).

Alt. 16, lat. 12; Apert. alt. 10½, lat. 6 Millim.

Habit.?

Gehäuse kugelig mit einer spitzigen kurzen Spira, mässig festschalig, gelblich horn-farbig, unter einem dünnen schwarzen Ueberzug. Gewinde beinahe unversehrt, klein concav-zugespitzt; Umgänge 6 (unversehrt ad 7), convex, durch eine deutliche Naht ge-trennt, glatt, langsam zunehmend; der letzte plötzlich aufgeblasen, kugelig, beinahe glatt, höchstens durch die Anwachslinien fein und undeutlich gestreift. Mundöffnung eiförmig, oben spitz, an der Basis gerundet, inwendig weiss, oder mit zwei breiten blassbraunen Binden; Columelle gebogen, etwas verdickt

Diese Art lässt sich mit keinem anderen Paludomus vergleichen und ist durch ihre Kugelform mit einer kleinen concav zugespitzten Spira sehr ausgezeichnet. (Meine Figur ist leider in dieser Beziehung nicht ganz gelungen, die Spira entspringt zu graduell aus dem letzten Umgang und sollte derjenigen der Fig. 8 auf derselben Tafel ähnlich sein). Sie stammt aus der ehemaligen Angas'schen Sammlung. Meine zwei Exemplare sind vollkommen gleich, nur ist das eine inwendig mit zwei breiten, braunen, durch einen schmalen weissen Zwischenraum getrennten Binden versehen, das andere ist weiss.

Die Heimath ist unbekannt.

7. **Paludomus Isseli** Brot.

Taf. 7. Fig. 7. 7a. 8.

T. ovato-turrita, *crassa*, fusco-olivacea unicolor, adulta luto nigro induta. Spira exserta, plerumque erosa; anf. 2½ – 4 *uniformiter convexi, omnino laevigati*; ultimus ovato-globosus. Apert. parva, ovato-acuta, superne acutiuscula, basi rotundata, margine dextro regulariter arcuato; peristomate in adultis *valde calloso-incrassato, rufo-limbato*. Opercul. (fide Issel.) nigrum, corneum, nucleo ad marginem sinistrum posito, striis obscure concentricis circumdato. (Coll. mea).

Alt. 19, lat. 13½; Apert. alt. 11, lat. 7 Millim.

Habit. Sarawak auf Borneo (legit Beccari).

Paludomus crassus (v. d. B.) Issel Moll. Borneensi p. 95. (non v d Busch).

Gehäuse eiförmig-gethürmt, festschalig, bräunlich-olivenfarbig, einfarbig, im erwach-senen Zustande durch einen festanliegenden Ueberzug ganz schwarz. Gewinde etwas ausgezogen, abgenagt; Umgänge 2½ – 4 gleichmässig convex und vollkommen glatt. Mundöffnung eher klein, eiförmig, oben wenig zugespitzt, an der Basis gerundet; Aussen-rand gleichmässig gewölbt; Peristom im erwachsenen Zustande bedeutend verdickt und braun-gelb gesäumt.

32

Diese Schnecke ist von Herrn A. Issel in seinen Molluschi Borneensi auf Dr. v. Martens Autorität als P. crassus v. d. Busch angegeben; diese Bestimmung scheint mir etwas zweifelhaft zu sein, da P. crassus deutlich, besonders unter der Naht gestreift ist, während die vor mir liegenden Exemplare des Paludomus von Borneo ganz glatt sind. P. Isseli hat im erwachsenen Zustande ein sehr verdicktes, am Rande braun gefärbtes Peristom; das jüngere Exemplar (Fig. 8) besitzt unter der Naht eine schmale, braune, undeutliche Binde.

8. **Paludomus Broti** Issel †.

Taf. 7. Fig. 12. 12a. (nach Issel loc. cit.).

„T. globoso-ovata, *tenuiuscula*, olivacea, longitudinaliter *obsolete striatula*; spira brevis, apice erosa; anfractus 5 convexiusculi, rapide crescentes, sutura distincta separati, ultimus magnus, ²/₃ altitudinis superans; apertura ampla, ovata, superne acuta, *basi paululum attenuata*; margine dextro simplice, acuto, regulariter arcuato, versus basin subproducto, intus albo-caerulescente; columellari leviter arcuato, albo-lutescente, incrassato. Operculum concentrice lamellato-costulatum, nucleo marginali excavato." (Issel).

Alt. 26, lat. 19; Apert. alt. 18, lat. 10 Millim.

Habit. Sarawak (Borneo). (Doria et Beccari).

Paludomus Broti Issel Molluschi Borneensi p. 92 taf. 7 fig. 19. 20.

Sowohl die Diagnose als die Figur lassen vermuthen, dass die untersuchten, überhaupt wenig zahlreichen Exemplare (nur zwei), ihre vollkommene Entwicklung noch nicht erreicht haben. Die Schale ist nach Issel kugelig-eiförmig, eber dünnschalig, olivenfarbig, undeutlich längsgestreift. Die Spira ist kurz, etwas angefressen. Die 5 Umgänge wachsen schnell, sind etwas convex und durch eine deutliche Naht getrennt. Der letzte Umgang nimmt ²/₃ der Gesammthöhe ein. Mundöffnung weit, eiförmig, oben winklig, an der Basis etwas verschmälert. Aussenrand regelmässig gebogen, dünn, einfach, ein wenig vorgezogen gegen die Basis, inwendig bläulich-weiss Columellarrand leicht gebogen, etwas verdickt, gelblich weiss. Deckel eher dick, elastisch und mit lamellösen, concentrischen Rippchen versehen, um einen etwas eingesenkten, dem linken Rande genäherten Nucleus.

9 **Paludomus rotundus** W. T. Blanford.

Taf. 7. Fig. 9-11.

T. *globosa*, solidula, intense brunneo-olivacea; aetate juvenili virescente obscure bifasciata. *Spira brevissima*, erosa, anfr. 2¹/₂—3 persist. convexiusculi, rarius infra suturam depressiusculi, *rapide crescentes*, longitudinaliter *tenue et confertim inciso-striati*, et striis incrementi exilibus obsolete decussati; anfr. ultimus maximus, inflatus, regulariter convexus. Apert. late ovata, superne acutiuscula, basi late rotundata, intus albo, fasciis 2—3 ornata, vel transverse brunneo irregulariter strigatim tincta; margine dextro valde arcuato, dilatato, acuto; columella lata, alba; rallo parietali conspicuo praesertim ad angulum superum aperturae. — Opercul. typicum. (Coll. mea).

Alt. 20, lat. 18; Apert. alt. 15, lat 10 Millim.

Hab. Travancore (Beddome). Ind. merid. (Hanley).

* Paludomus rotunda Blanf Journ. Asiat. S. Bengal. vol. 39, pars. II. 1870 p. 10.

Blanf. Contrib. Ind. mal. XI. pl. III. f. 2. Hanl. Theob. Conch. Ind. t. 108 f. 2.

Gehäuse globulös, etwas festschalig, dunkel bräunlich-olivenfarbig, im Jugendalter grünlich mit zwei undeutlichen schwärzlichen Binden. Gewinde sehr kurz, abgenagt; Umgänge 2½—3, subconvex, seltener unter der Naht etwas abgeflacht und abschüssig, schnell wachsend, der Länge nach dicht gestreift, und durch sehr feine Anwachsstreifen undeutlich gegittert; letzter Umgang aufgeblasen, kugelig, gleichmässig convex. Mundöffnung breit eiförmig, oben stumpfspitzig, an der Basis breit gerundet, inwendig weiss mit 2—3 braunen Binden verziert, oder unregelmässig in die Quere striemenförmig braun gefärbt. Aussenrand stark gebogen, schneidend; Columelle weiss, breit; Parietalwand mit einem besonders am oberen Winkel der Mündung deutlichen Callus versehen.

Die am meisten globulöse Form in der Gattung Paludomus; sie ist dem Philopotamis globulosus in der äusseren Gestalt ähnlich, unterscheidet sich aber wesentlich durch die concentrische Struktur des Deckels.

* T. non rimata, globosa, rotunda, solida, epidermide fusca induta, sublaevigata, striis incrementi et liris subobsoletis confertis, minutis, spiralibus, decussantibus signata. Spira brevissima; apice erosulo; sutura vix impressa. Anfr. 2½—3 rapide crescentes, primi parum convexi, ultimus valde major, tumidus, antice non descendens, subtus convexus. Apertura subovalis, postice angulata, obliqua, intus fasciis 2—3 intrantibus ornata; peristoma simplex, acutum, margine basali expansiusculo; columella albida, callosa, lata. — Opercul. normale. Alt. 15; diam. maj. 14 Mill. - Habit. in regione Travancorica. (Beddome.) (Pl.)

10. Paludomus maurus Reeve.

Taf. 7. Fig. 4 und 5 (nach Hanl. Theob.)

T. globoso-turrita, turgida, laevigata, castaneo-fusca, nigro 4—5 fasciata; fasciis extus parum conspicuis, intus autem distinctis. Spira breviter turrita poene omnino erosa; anfr. persist. 2—3 convexi, infra suturam planiusculi et nonnunquam striis 1 - 2 incisis obsoletis instructi, deinde laevigati; anfr. ultimus inflatus. Apert. ampla, late ovata, superne vix angulata, fasciis intus perlucentibus; columella incrassata, parum arcuata; margine dextro arcuato, tenui, acuto. — Opercul. typicum. (Coll. mea).

Alt. 14, lat. 12; Apert. alt. 9½, lat. 6 Millim. (specim. mea).

Figura Hanleyana: alt. 20, lat. 16 Mill.

Habit. Ganges (Westermanni.

1. 25.   5

34

*Paludomus maurus Reev. Proc. zool. Soc. Lond. 1852
Hanl. Theob. Conch. Ind. t. 124 f. 2. 3.

Gehäuse kugelig-gethürmt, aufgeblasen, glatt, kastanienbraun, mit 4—5 schwärzlichen Längsbinden verziert, welche auswendig kaum sichtbar sind und inwendig besonders deutlich hervortreten. Gewinde stark abgenagt; Umgänge 2—3 convex, unter der Naht abgeflacht und oft mit 1 · 2 undeutlichen Streifen versehen, dann glatt; letzter Umgang aufgeblasen. Mundöffnung weit, breit-eiförmig, oben kaum winklig. Columelle wenig gebogen; Aussenrand bogenförmig, einfach, schneidend. Deckel typisch.

Diese Art hat etwas das Aussehen einer kleinen Ampullaria und ist meistens schon an ihrer röthlich-braunen Farbe zu erkennen; sie zeigt keine besondere Sculptur, mit der Ausnahme von einer bis zwei sehr undeutlichen eingeschnittenen Linien längs der Naht. Hanley's Exemplar (Fig. 5) ist bedeutend grösser als die meinigen (Fig. 4) und deutlicher gebändert.

* T. subacuminato-turbinata, spira prominente; anfract. rotundatis, superne subexcavatis et obsolete lineatis; apert. parva; castaneo-fusca immaculata. — Habit. Ganges (Westermann.) (R.)

11. Paludomus regulatus Benson.
Taf. 7. Fig. 14—17.

T. ovato-turrita, solida, virenti-vel lutescenti-olivacea, fasciis 1—4 nigris latiusculis varie ornata. Spira exserta, plerumque paulo erosa, vel subintegra; anfr. 4—6 convexiusculi longitudinaliter inciso-striati, interstitiis planis; anfr. ultimus magnus, ovoideus, sulcis infra suturam positis 2—3 magis expressis. Apert. ovata, superne vix acuminata, basi rotundata, alba, fasciis conspicuis; margine dextro acuto, in adultis subincrassato, parietali praesertim ad angulum superum aperturae calloso; columella incrassata, modice arcuata. — Operculum typicum. (Coll. mea).

Alt. 21, lat. 14; Apert. alt. 12¹/₂, lat. 7 Millim.

Habit. Thyst-Myo Burmah. (Benson); Pegu (Sowerby), Casbar (Landauer), Prome, Thyet-Myo (Pegu), (Nevill.)

* Paludomus regulatus Benson Ann. Mag. 1858.
Hanl. Theob. Conch. Ind. t. 108 f. 5.
Nevill Journ. As. Soc. Beng. 1877 p. 36.

a) Var. magis conica, anfr. minus convexis, virenti-lutea, fasciis angustis 1—3.
Alt. 20, lat. 13; Apert. alt. 11, lat. 7 Millim.

Gehäuse eiförmig-gethürmt, festschalig, grünlich oder gelblich olivenfarbig, mit 1—4 mässig breiten dunklen Binden verziert. Gewinde ausgezogen, wenig angefressen oder beinahe unversehrt. Umgänge 4—6, etwas convex, der Länge nach vertieft-gestreift mit flachen Zwischenräumen; letzter Umgang eiförmig mit 2—3 stärkeren Streifen unter der Naht. Mundöffnung eiförmig, oben wenig zugespitzt, an der Basis gerundet, weiss mit durchscheinenden Binden; Aussenrand im erwachsenen Zustande etwas verdickt; Parietalcallus dick, besonders am oberen Winkel. Columelle verdickt, mässig gebogen. Diese Art bildet mit den zunächst folgenden P. Andersonianus, ornatus, labiosus und paludinoides eine innig verbundene Gruppe, in welcher nach Nevill die Structur des Deckels eine wichtige Rolle für die Unterscheidung der Arten spielen soll. Es ist besonders die innere Fläche verschieden gebaut, mit einem mehr oder weniger dicken und rauhen Nucleolartheile, der von einem bald glatten, bald gekörnelten Limbus umgeben ist. Es ist aber nicht zu vergessen, dass wie schon Blanford anführt, die Beschaffenheit des Deckels bei Paludomus, Tanalia etc. sehr variabel ist; die Dicke und Rugosität des Nucleolartheils scheint mir vom Alter abhängig zu sein. Die Structur des umliegenden Limbus möchte einen höheren Werth haben. Nevill betrachtet dabei die verschiedene Disposition der Binden als characteristisch, worin ich nach meinen Exemplaren zu urtheilen, mit ihm durchaus nicht einstimmen kann. Fig. 14 betrachte ich als Typus; Fig. 17 ist der Deckel. Fig. 16 ist eine kleinere Form und Fig. 15 meine Var. a), welche sich durch eine etwas mehr konisch gewundene Spira, weniger convexe Windungen und grünliche Farbe mit schmalen Binden unterscheidet.

Ich habe in diesen drei Exemplaren authentische, am Thiere noch festhängende Deckel gefunden und habe constatiren können, dass auf ihrer inneren Fläche der äussere Saum vollkommen glatt und glänzend, ohne eine Spur der dem P. Andersonianus eigenen Körnelung sei. Die Binden sind veränderlich: die erste ist gewöhnlich wenig sichtbar, die drei übrigen sind gleich breit, die zweite fehlt bei zwei Stücken, wo zugleich die vierte fadenförmig ist; bei der Varietät ist an einem Stücke nur die dritte sichtbar, die vierte höchst undeutlich; an einem anderen fehlt die erste, während die drei unteren schmal und gleichbreit sind. die zweite sehr blass: endlich bei Fig. 16 ist die zweite Binde breiter als die erste und dritte, und die vierte ist inwendig über die ganze Basis ausgebreitet. Es ist also kein Gewicht auf die Zahl und Breite der Binden zu legen.

* T. ovato-acuta, solidiuscula, regulatim distincte spiraliter sulcata, interstitiis latis, planatis minutissime confertimque decussato - striatis, sulcis 2—5 prope suturam latioribus, profundioribus; pallida lutea, fasciis sub 4, tertia latiori ornata; spira elato-conica, apice acuto, anfract. 6 convexiusculis. ultimo 1½ testae vix superante; apert. verticalis, ovata, superne angulata. albida, intus 4 fasciata, peristomatis margine dextro recto, acuto, netate intus vix incrassato-marginato, parietali calloso, columellari versus basin subdilatato-appresso. Opercul. ut in sp. typic. Long. 19—24, diam. 12—14, apert. alt. 13, lat. 9 Mill. Habit. Thyst Myo. Burmah. (Bens.)

12. Paludomus Andersonianus Nevill †.
Taf. 7. Fig. 2. 3. (Var.).

T. magna, globosa, conspicue viridi-lutea; nigro fasciata. Spira exserta, acuminata; anfr. 7; (supremi 2 — 3 saepius erosi) superficialiter lirati, liris in medio anfractuum obso-

5*

letis, lira infra suturam posita magis expressa; anfr. ultimus fasciis 4 intense nigris ornatus, quarum supera suturalis et duo inferae basales, subaequales, *secunda autem duplo latior*, et in apertura distinctissima est. Columella alba. — Operculum, parte nucleolari conspicue elevata et rugosa, *limbo distincte sed tenue granoso*. (Ex. Descript. anglic.).

Long. max. 29, diam. max. 22 Mill.

Habit. Mandalay, Ava, Bhamô, Kabiuet et Myadoung (Nevill, legit Anderson).

Paludomus Andersoniana Nevill. Journ. As. Soc. Beng. 1877 p. 35.

Var. Peguensis (an spec. nov.?)

Paludomus regulatus (Bens.) Hanley Theob. Conch. Ind. t. 108 f. 6.

Gehäuse gross und kugelig, auffallend grünlich-gelb, mit schwarzen Binden. Gewinde ausgezogen, zugespitzt; Umgänge 7 (wovon 2—3 abgefressen), oberflächlich gestreift, Streifen in der Mitte der Windungen obsolet, die obere unter der Naht gelegen stärker. Letzter Umgang mit 4 dunkelschwarzen Binden verziert, von welchen die oberste und die beiden unteren gleichbreit sind, während die zweite um das doppelte breiter ist und im Inneren der Mündung (die sehr alten Exemplare ausgenommen) immer deutlich sichtbar ist. Columelle rein weiss.

Diese Art scheint nach der Schale von P. regulatus wenig verschieden zu sein; sie ist grösser, etwas bauchiger, und durch die grosse Breite ihrer zweiten Binde charakterisirt; aber der Hauptunterschied liegt in der Beschaffenheit der inneren Fläche des Deckels, an welchem der breite Saum welcher den nucleolaren Theil umgiebt, unter der Loupe fein aber deutlich gekörnelt ist, anstatt glatt und glänzend zu sein wie bei regulatus und überhaupt bei den übrigen Arten aus Burmah. Ich habe diese Eigenthümlichkeit an einem mit seinem am Thiere noch festhängenden Deckel versehenen Stücke aus meiner Sammlung recht deutlich erkannt; dieses Stück, welches mit der Var. Peguensis vermischt war, soll also zu P. Andersonianus gehören; er unterscheidet sich sowohl von meiner Fig. 2. 3, als von 14 — 17 durch eine schmälere, weniger hohe, unversehrte, etwas concav zugespitzte Spira mit langsam wachsenden Umgängen, an welchen die Streifung beinahe obsolet ist; der letzte Umgang ist wie bei Fig. 3 kugelig und deutlich gestreift; eine deutlich vertiefte Linie begleitet die Naht. Nur die Zeichnung stimmt mit Nevill's Worten nicht, indem von den 4 auf einem grünlich gelben Grund deutlich hervorstehenden Binden die erste und vierte schmal sind, während die zweite und dritte gleich breit sind und etwa 1½ Millim. messen; ich lege aber, wie schon bei P. regulatus gesagt, wenig Werth auf das Dasein oder Fehlen einzelner Binden und eben so wenig auf ihre relative Breite.

Die Varietät Peguensis (nach Nevill in der Conch. Ind. Taf. 108 fig. 6 als regulatus, hier Taf. 7 fig. 2. 3 abgebildet) soll sich vom Typus durch etwas mehr rauhe Sculptur, mehr abgefressenem Apex, weniger convexe Umgänge und weniger spitz hervorstehende Spira unterscheiden; die Columelle soll constant braun gefleckt sein; der letzte Umgang zeigt äusserlich keine deutliche Zeichnung und besonders fehlt im Inneren der Mündung die beim Typus constant sichtbare zweite Binde. Gewöhnlich fehlen die beiden oberen Binden gänzlich, während die dritte sehr schmal, und die vierte dagegen sehr breit und über den ganzen Basaltheil der Mündung ausgebreitet ist. Der Deckel der Varietät Peguensis ist leider unbekannt und fehlt an meinen sieben Exemplaren.

13. Paludomus ornatus Benson.

Taf. 7. Fig. 18—20.

T. *globose* ovato-turrita, crassa, fusco-olivacea, obscure fasciata. Spira exserta, valde erosa; anfr. persist. $3^1/_2$ convexi, sensim crescentes; ultimus *obeso-ovatus*, fasciis mediocribus 1—3 obscure ornatus, regulariter convexus, *laevigatus*, infra suturam lineis incisis 2—3, nonnunquam basi lineis obsoletis nonnullis incisis instructus. Apertura late ovata, superne vix angulata, basi late rotundata, intus alba, fasciis dilute perlucentibus. Columella parum arcuata, callosa, margine dextro subincrassato, valde arcuato. — Operculum ovatum, crassum, planum, nucleo submarginali, striis incrementi erecto foliaceis; paginae internae pars nucleolaris elevata, granoso-rugosa, brunnea, limbo polito, nigerrimo. (Coll. mea).

Alt. 24, lat. $17^1/_2$; Apert. alt. 15, lat. 10 Millim.

Habit. Burmah (Benson); Ava (Nevill.)

* Paludomus ornatus Bens. Ann. Mag. 1858.

Hanl. Theob. Conch. Ind. t. 108 f. 8.

Nevill. Journ. As. Soc. Beng. 1877 p. 35.

Gehäuse kugelig-eiförmig gethürmt, dickschalig, bräunlich-olivenfarbig, dunkel gebändert. Gewinde ausgezogen, bedeutend abgefressen; Umgänge $3^1/_2$ convex, allmälig zunehmend; der letzte bauchig-eiförmig, mit 1—3 dunklen, mässig breiten Binden verziert, gleichmässig gewölbt, glatt, unter der Naht mit 2—3 eingeschnittenen Linien und oft an der Basis mit einigen wenig sichtbaren Streifen versehen. Mundöffnung breit eiförmig, oben kaum winklig, an der Basis breit gerundet, inwendig weiss mit undeutlich durchschimmernden Binden; Columelle wenig gebogen, callös; Aussenrand etwas verdickt, stark gebogen. — Deckel typisch, ganz flach, auffallend dicker als bei den übrigen Arten; der Rand der Anwachsstreifen auf der Aussenseite erhebt sich in einen häutigen Saum, wodurch die Oberfläche ein dicht blättriges Aussehen gewinnt.

Diese Art ist durch ihre kugelig-eiförmige Gestalt und glatte Oberfläche charakterisirt, aber ganz besonders durch die Structur des Deckels, welcher von allen übrigen in der Gattung mir bekannten, vollkommen verschieden ist. Die Binden sind wie bei den anderen Formen der Gruppe sehr veränderlich in ihrer Anzahl und relativen Breite. Die Exemplare von Ava haben nach Nevill alle eine unversehrte Spira, während diejenigen von anderen Lokalitäten abgefressen sind.

Der Deckel von P. ornatus ist nach Nevill dem von regulatus ähnlich, nur etwas flacher; beide sind von demjenigen von P. Andersonianus sehr verschieden, indem sie auf der inneren Seite viel glätter sind. Merkwürdig ist es, dass von der äusseren, so auffallenden blättrigen Beschattenheit bei P. ornatus keine Rede ist, da sie bei P. regulatus vollkommen fehlt; an meinen Exemplaren finde ich die Deckel sehr verschieden in beiden genannten Arten: hornig und dünn, glatt und auswendig concav bei regulatus, dick, blättrig und flach bei ornatus.

* T. ovato-conica, solidiuscula, laeviuscula, striis remotis obsoletis cincta, infra suturam marginatam bisulcata, luteo-olivacea; fasciis 4 fusco-castaneis: suturali angusta, secunda latissima, quarta inconspicua, ornata. Spira conica, apice eroso, anfr. 4 superstitibus convexis, ultimo 2/3 testae vix superante; apert. vix obliqua, ovata, fauce caerulco-albida, 4 fasciata, superne angulata, angulo intus calloso, peristomate tenui, acuto, marginibus callo albo junctis, columellari subrevoluto, angusto, albo. — Opercul.? — Long. 18, diam. 15; apert. long. 13, lat. 8. Habit. Burmah. (Bens.)

14 Paludomus labiosus Benson †.
Taf. 8. Fig. 12 und 13 (nach Hanl. Theob.)

„T. ovato-globosa, laeviuscula, oblique tenuiter et obsolete spiraliter striata, versus suturam 2–3 sulcata, luteo-olivacea, nigrescente-castaneo fasciata, fasciis 3 latioribus; spira brevi, apice eroso; anfr. 2 superst. convexis; ultimo 3/4 testae superante; apert. obliqua ovata, superne acute angulata; fauce 4 fasciata, peristomate tenui, acuto, margine dextro superne declivi, medio valde arcuato, columellari incrassato, dilatato, appresso, extus fuscato, intus albido, compressiusculo; callo parietali mediocri. — Opercul. typicum.

Long. 13, diam. 11; apert. alt. 10, lat. 7½ Mill.

Habit. Burmah, Vall. of Tenasserim." (Bens.)

Paludomus labiosa Bens. Ann. Mag. 1858.

?Paludomus Blanfordiana Nevill Journ. As. Soc. Beng. 1877 p. 37.

Paludomus labiosa (Bens.) Hanl. Theob. Couch. Ind. t. 108 f. 9.

* ?Paludomus Burmanica Nevill Journ. As. Soc. Beng. 1877 p. 36.

Gehäuse nach Benson eiförmig kugelig, beinahe glatt, schief und fein, aber undeutlich spiral gestreift, mit 2–3 tieferen Furchen längs der Naht; gelblich-olivenfarbig, mit dunkel-kastanienbraunen Binden von welchen die drei oberen breiter sind. Gewinde kurz, an der Spitze abgefressen; Umgänge 2 convex; der letzte 3/4 der Höhe übersteigend. Mundöffnung schief gerichtet, eiförmig, oben spitzwinklig. Gaumen mit 4 Binden verziert; Peristom dünn, schneidend; Aussenrand oben abschüssig, in der Mitte stark gebogen; Columellarrand verdickt, ausgebreitet, angedrückt, nach aussen bräunlich, inwendig weiss; Parietalcallus mittelmässig.

Ich gebe oben die Originaldiagnose des Autors, da ich die Art noch nicht recht verstehe. Ich betrachte meine Fig. 12 als der Beschreibung entsprechend, sie ist noch nicht ganz ausgewachsen und stammt aus Burmah. Die von Hanley und Theobald gegebene, hier Fig. 13 copirte Figur stellt nach Nevill nicht die Benson'sche Art, sondern P. Blanfordianus vor. Das Museum in Calcutta besitzt eine grosse Anzahl von in Pegu und Ava sowohl als in Gowhatty in Assam gesammelten Exemplaren, welche genau mit der genannten Figur zusammenstimmen, und auf der anderen Seite sieben typische Exemplare von labiosus, von Theobald in Tenasserim gesammelt; diese letzteren sind bedeutend kleiner, weniger kantig aufgetrieben als diejenigen aus Pegu; ihre Columelle ist lebhafter braun gefärbt, die braunen Bänder (besonders im Inneren sichtbar), sind weniger regelmässig und weniger deutlich ausgesprochen, endlich sind alle, jung und alt, decollirt, was niemals bei der ersteren Form der Fall zu sein scheint. Die Sculptur ist dieselbe, ganz glatt mit der Ausnahme einiger vertiefter Streifen unter der Naht. Die typischen P. labiosus sind ohne Deckel; der Deckel von Blanfordianus ist dem von P. regulatus ähnlich, aber noch weniger rauh in der Mitte; die spiralen Streifen des Nucleus sind auf der inneren Fläche deutlich und regelmässig unter der Loupe sichtbar. Nach diesen Bemerkungen von Nevill glaube ich schliessen zu können, dass die beiden Arten (labiosus und Blanfordianus) wirklich nicht verdienen als Arten getrennt zu werden. Dasselbe gilt von P. Burmanica dessen Beschreibung hiernach folgt und welcher sich nach Nevill von P. labiosa hauptsächlich durch breite lebhaft gefärbte Binden, rein weisse Columelle und eigenthümliche Epidermis unterscheidet; ich vermuthe nämlich, dass die hellen Pusteln der Epidermis, nur eine zufällige, durch partielle Lostrennung der Epidermis hervorgebrachte Erscheinung sind; ich habe eine, wie ich glaube, ähnliche Pustelbildung bei mehreren Melanien und Paludinen schon beobachtet.

P. Blanfordianus ist in Nevill's Aufsatze nicht ausführlich beschrieben, ich kann also keine Diagnose von dieser Art geben.

* Shell small, very thik, spire depressed, in shape closely resembling the European Littorina obtusata; only two whorls, the other decollated in both young and old specimens; smooth with a few irregular striae at suture; columella very thick, pure white; aperture somewhat compressed as in typical P. labiosa, not globosely expanded as in Blanfordiana; in all the ten specimens found only three instead of four bands, the upper one exceedingly broad, covering nearly half the last whorl, the middle one narrow, the basal one broad, but not diffused over any part of the columella; these bands are of the most intense black within the aperture, even in very old thick specimens. Epidermis unusually thick, dark olive green, closely covered with regular raised pustules of a lighter colour. — Yaylaymaw and also Mandalay. —

Long. 14½ lat. 12 mill.

Operculum is like that of regulata, a shade darker in colour; nucleolar portion on the inner side a little more distinctly spirally rugose. (N.)

15. Paludomus paludinoides Reeve

Taf. 8. Fig. 8—10.

T. ovato-turrita, solidula, lutescenti-olivacea. varie fasciata. Spira exserta, valde erosa; anfr. persist. 3 4 sensim crescentes, conv xi, infra suturam marginatam anguste constiicti deorsum regulariter convexi, longitudinaliter *obsolete et irregulariter lirato-striati*, stria infia suturam magis distincta; anfr. ultimo ovoideo, fasciis 3—4 ornato, quarum basali plerumque latiore. Apertura ovata, supe:ne vix angulata, basi rotundata; columella parum arcuata, callo parietali crassiusculo, margine dextro regulariter arcuato, obtuso, intus crenulato. — Operculum typicum. (Coll. mea).

Alt. 22, lat. 16; Apert. alt. 15, lat. 8 Millim. (decoll. anfr. 3.ı

Habit. Ganges. Sikkim (Reeve) — Himalaya (coll. mea).

* Paludomus paludinoides Reev. Proc. Z. S. 1852.

Hanl. Theob. Conch. Ind. t. 123 f. 9.

a) Var.: forma typica, sed anfractu ultimo distincte sulcato, infra suturam biseriatim granoso.

Habit. cum forma typica.

Gehäuse eiförmig gethü:nt, ziemlich festschalig, gelblich-olivenfarbig, braun gebändert. Gewinde ziemlich ausgezogen aber bedeutend abgefressen, Umgänge 3—4 allmälich zunehmend, convex, unter der gerandeten Naht zusammengeschnürt, dann gleichmässig convex, der Länge nach, besonders an der Basis, ungleich und oft obsolet gestreift, mit kaum convex hervorstehenden Zwischenräumen; eine deutliche Furche begleitet die Naht. Letzter Umgang eiförmig, mit 3 bis 4 braunen Binden verziert, von welchen die vierte gewöhnlich breiter ist (besonders im Inneren der Mündung). Mundöffnung eiförmig, oben wenig zugespitzt, an der Basis gerundet; Columelle wenig gebogen, weiss, an einem Exemplare gelb gefärbt; Parietalcallus ziemlich dick; Aussenrand regelmässig gebogen, etwas verdickt und gekerbt.

Fig. 8 ist der erwachsene Zustand, Fig. 9 ein junges Exemplar; Fig. 10 stellt die Varietät aj vor, welche durch ihre deutlich gefurchte Oberfläche und ihre zwei Reihen von kleinen Tuberkeln unter der Naht ausgezeichnet ist; ich besitze davon nur ein Exemplar welches ich mit der typischen Form vermischt erhalten habe, und welches sonst ihr so ähnlich gestaltet ist, dass ich es trotz der sehr auffallenden Sculptur nur als Varietät betrachten kann.

* T. oblonga, spira subelevata, anfr. convexis, longitudinaliter lirato-striatis superne leviter depressis et marginatis; apert. mediocri; virescenti-olivacea, rufo-nigricante irregulariter fasciata — Hab. Sikkim. (Ganges) (Capt. Bacon). (R.)

16. Paludomus Tanjoriensis Blanford.
Taf. 8. Fig. 18; 20—23.

T. mediocris, globoso-turrita, solidula, luteo-vel virescenti-olivacea, unicolor vel longitudinaliter hic illic seriatim brunneo punctata, punctis saepe in strigas transversas ordinatis. Spira satis elata, saepe subconcave acuminata, erosa vel integra, acuta; anfr. 7—8 (erosa 4—5) convexi, superne concavo-constricti; sutura marginata; supremi liris elevatis, longitudinalibus careniformibus nonnullis ornati; ultimus globulosus, sublaevigatus vel obsolete sparsim crispato-striatus, ad peripheriam saepe lineis 3—4 elevatis cinctus. Apert. ovata, superne acuta, basi rotundata; columella incrassata, arcuata; margine dextro arcuato, simplici. — Opercul. typicum. (Coll. mea).

Alt. 19, lat. 12;°Apert. alt. 9½, lat. 6 Millim. (spira integra).

Habit. Ceylon, Central Indien, Madras, Bombay (Blanford); Hoogly (Benson), Pondichery (Reeve), Timor (Lea) (?); wesentlich ein Einwohner der Ebene.

* Paludomus Tanjoriensis Blanf. Trans. Lin. S. L. XXIV t. ʌ7 f. 2a—e.
Helix Lanschaurica Gmel. 3655 Nr. 244.
Helix Tanschauriensis (Gmel.) Chemn. IX f. 1246, 1247, (? 1243).
Helix fluviatilis Dillw. 959.

Wood. Ind. Test. f. 160.

Paludomus Tanschaurica (Gmel.) Hanl. Theob. t. 123 f. 8.
** Paludomus acutus Reev. Proc. Zool. S. L. 1852.

Hanl. Theob. Conch. Ind. t. 123 f. 7.

Paludomus gracilis Parr. in sched.
*** Melania modicella (Rivulina) Lea Proc. Zool. S. L. 1850.

Rivulina modicella (Lea) H. A. Ad. Gen. of rec Moll. Supplemt. II p. 623.
**** Paludomus spiralis Reeve Conch. Icon. f. 15.
***** Paludina lutosa (Soul.) Voy. Bonite t. 31 f. 28—30.

Paludomus lutosa (Soul.) Hanl. Theob. Conch. Ind. t. 123 f. 6.
****** Paludomus nasutus Dohrn Proc. Z. S. L. 1857.

Hanl. Theob. Conch. Ind. t. 124 f. 7.

Paludomus spurcus (Soul.) H. A. Ad. Gen. of rec. Moll t. 36 f. 2.

Chenu Man. Conch. f. 2208.

Gehäuse kugelig-gethürmt, mässig festschalig, gelblich oder grünlich olivenfarbig, einfarbig oder mit einigen besonders auf den oberen Umgängen sichtbaren Reihen von braunen Punkten, welche oft in Querstrienen zusammenschmelzen. Gewinde ziemlich ausgezogen, abgenagt oder ganz erhalten, oft concav zugespitzt. Umgänge 4—8, convex, unter der geraudeten Naht concav zusammengeschnürt. Die oberen mit erhabenen kielförmigen Leisten versehen, der letzte globulös, glatt oder hie und da runzelig-gestreift, an der Peripherie oft mit 3—4 erhabenen Leisten verziert. Mundöffnung eiförmig, oben spitz, an der Basis gerundet; Columelle etwas verdickt, gebogen; Aussenrand einfach, gebogen.

Kleiner als die vorhergehenden, und durch die 2—4 erhabenen kielartigen Reife welche die oberen Umgänge immer verzieren, und meistens noch auf der Peripherie des letzten Umgangs sichtbar sind, gut charakterisirt. Das Gewinde ist mehr oder weniger entwickelt, oft ganz erhalten und sehr spitz und subconcav ausgezogen. Die Naht ist gerandet.

Fig. 18 ist P. nasutus nach Hanl. Theob.

* Shell elevately conical, smooth, with obsolete sulci on the lower whorls, grooved and generally carinated on the upper whorls, which are perfect or but slightly eroded. Epidermis citrine; Shell colourless or marked with spiral rows of brown dots, which sometimes on the lower whorls and nearly always on the upper, coalesce into irregular transverse bands

of colour, spire variable in height, sometimes concave acute, consisting of 7—8 whorls when perfect, of which 2—3 are sometimes eroded. Sutures deap, those of the last whorl or whorls, marginate. Upper whorls angular; last whorl ventricose, flattened above towards the mouth, usually marked with 2—5 linear sulci on the periphery. Aperture gibbous ovate, pointed above. Peristome white, continuous; outer lip sharp, even; columelle callous. (B.)

** T. acuminato-turbinata, spira acuta, anfr. rotundatis, ad suturam excavatis et lineatis, medio lineis incisis cingulatis; apert. parva; virescenti-olivacea. Hab. Pondichery. (R.)

*** T. laevi, ovato-conica, crassa nitida, virido-fusca; spira conica, brevi, apice acuto, saepe erosa, sutura lineari; anfr. 5 convexis, rapide crescentibus, prope suturam superiorem depressis, prope suturam inferiorem striis parvis transversis duabus aut tribus: Anfr. ultimo magno, medio striis 3, basi laevi; apert. ovato-rotundata, superne subangulata, inferne subeffusa; intus albida, labro acuto, columella lactea, curvata; operculo ovato subcentrali concentrico. — Timor. — Long. 0.7, lat. 0.5 p. (L.)

**** T. ovata, spira ampla prominula; anfr. rotundatis, laevibus; olivacea nigro hic illic maculata, intus alba. — Ceylon (Sibbald). (R.)

***** T. oblongo-conica, olivacea, nitid., spira conico-acuta; anfr. 7 supra depressiusculis, 2 inferioribus ventricosis, penultimo basi spiraliter sulcato, ultimo in medio multisulcato; apert. ovato-acuta, intus caerulescente, labio incrassato albo, labro acuto. — Opercul. corneum fusco-nigrum, concentrice striatum. (Soul.)

****** T. solida, oblongo-conica, apice acuto, nigrescens, versus apicem albicans, ad suturam linea valde impressa distincta, obsolete decussata; anfr. 4 convexiusculi, ultimus medio leviter angulatus; apert. simplex, oblonga, albida. Operc.? — Long. 12, lat. 6, Apert. alt. 7¹/₈, lat. 4¹/₈ mill. (D.)

17. Paludomus punctatus Reeve †.

„T. acuminato-turbinata, spira acuta, anfr. convexis, *lineis incisis utrinque peculioriter punctatis,* cingulatis; apert. parva; olivacea nigricante hic illic maculata.
Dimens.?
Habit. Mauritius. (Barclay)" (Reeve).
Paludomus punctatus Reeve Proc. Zool. S. Lond. 1852.
Mir unbekannt, und wahrscheinlich Synonim von P. Tanjoriensis; was ich unter diesem Namen von Cuming einst erhalten habe, ist gewiss nichts anderes, und zeigt nicht einmal die von Reeve als charakteristisch hervorgehobene Punktirung. Die Vaterlandsangabe ist mir etwas zweifelhaft.

18. Paludomus palustris Layard.
Taf. 8. Fig. 27, 28.

T. globoso-turrita, solidiuscula, virenti-olivacea, *transversim brunneo punctato-strigata, subfulgurata.* Spira exserta, erosa; anfr. 3—4 persist. modice convexi, *longitudinaliter in-*

ciso-striati, transversim crispati et subgranosi; anfr. ultimus *saepius lateraliter compresso-planatus,* inde supra et infra obsoletissime angulatus. Apert. ovata, superne vix acuta, basi rotundata; columella callosa, modice arcuata, alba; margine dextro regulariter arcuato, haud incrassato. — Opercul. typicum. (Coll. mea).

Alt. 18, lat. 12; Apert. alt. $10^1/_2$, lat. 6 Millim. (decoll. anfr. 3).

Habit. Ceylon (Layard, Blanford.)

* **Paludomus palustris** Layard Ann. Mag. 1855 p. 135.
  Hanl. Theob. Conch. Ind. t 126 f. 2. 3.
  Paludomus Tanjoriensis Var. Blanf. Trans. Lin. Soc. L. XXIV.

Gehäuse kugelig-gethürmt, mässig dickschalig, grünlich-olivenfarbig, mit schwarzbraunen, unterbrochenen, ziczacförmigen Querstriemen verziert. Gewinde ausgezogen, abgenagt; Umgänge 3—4 mässig convex. der Länge nach und in der Quere gestreift, fein körnig gegittert; letzter Umgang meistens seitlich abgeflacht und dadurch oben und unten stumpfkantig erscheinend. Mundöffnung eiförmig, oben stumpfspitzig, an der Basis gerundet; Columelle schwielig, mässig gebogen, weiss; Aussenrand regelmässig gebogen, schneidend. — Deckel typisch.

Diese Art wird von Blanford in der Synonimie des P. Tanjoriensis angeführt, unterscheidet sich jedoch hinlänglich von ihm durch den Mangel der erhabenen Leisten auf den oberen Umgängen, die dichte, unregelmässig granulirte Streifung, die oft sehr auffallende Compression des letzten Umganges, und endlich durch die eigenthümliche Färbung.

* Shell ovate, thin; axis 10, diam. 6 lines; spire exserted, long; whorls rounded, rather flat, spirally grooved with minute granular striae (visible under the lens). Colour of adult shell a rich yellow spotted with dark brown, the markings frequently running into wavy lines; apex bluish; aperture white — Opercul. nearly oval, the apex slightly inclined to the left, concentric, nucleus subcentral, sinistral. — Hab. the grassy margins of a tank at Anarajahpoora. (L.)

19. **Paludomus obesus** Philippi.
Taf. 8. Fig. 16. 17. 19. 24.

T. globoso-turrita, *lutescens,* longitudinaliter *seriatim brunneo punctata.* Spira exserta, erosa; anfr. persist. 4 *convexi,* superne anguste concavo-constricti, subangulati, *laevigati,* vel sub lente *obsoletissime* longitudinaliter striatuli, et transversim rugulosi; *anfr. ultimus globu- losus.* Apertura ovata, superne acutiuscula, basi rotundata; margine dextro acuto, regulariter arcuato, columellari calloso. — Opercul. typicum. (Coll. mea).

Alt. 13, lat. 8; Apert. alt. 7, lat. 4 Mill.

Habit. Indien. Abmednugger (Shurtleff).

* **Melania obesa** Phil. Abbildg. t. 4 f. 3.

6*

Paludomus obesus (Phil.) Brot Matér. I p. 22.

Hanl. Theob. Conch. Ind. t. 126 f. 7. 10.

Paludomus maculatus Lea Proc. Ac. N. Sc. Phil. 1856 p. 110.

Rivulina maculata Lea Journ. Ac. Sc. Phil. n. s. VI.

** Observ. Gen. Unio XI t. 22 f. 10.

Paludomus monile Thorpe MSS. Hanl. Theob. Conch. Ind. t. 108 f. 10.

Gehäuse kugelig-gethürmt, gelblich, mit einigen Längsreihen von braunen Punkten verziert. Gewinde ausgezogen, abgenagt; Umgänge 4 convex, unter der Naht eng concav zusammengeschnürt, dann stumpfkantig, glatt, oder unter der Loupe sehr undeutlich längsgestreift und in der Quere gerunzelt; letzter Umgang globulös. Mundöffnung eiförmig, oben stumpf spitzig, an der Basis gerundet; Aussenrand schneidend, regelmässig gebogen; Columellarrand schwielig. — Deckel typisch.

Die P. obesus und maculatus sind von Hanley und Theobald als synonim betrachtet und wohl mit Recht; der letzte ist nur gewöhnlich etwas dunkler gefärbt, bräunlich mit einer etwas rauhen Epidermis, so dass die Zeichnung schwer oder nur bei jungen Exemplaren zu sehen ist.

Diese Art unterscheidet sich von P. palustris durch beinahe obsolete Streifung und durch ihre Zeichnung, welche aus einigen Längsreihen von braunen Punkten besteht; ihre Umgänge sind auch etwas mehr convex und an der Peripherie nicht abgeflacht, sondern unter der Naht schwach concav zusammengeschnürt; die Grundfarbe ist mehr gelblich. Die als P. monile Thorpe MSS. von Hanl. und Theob. abgebildete Schnecke ist wohl nichts anderes als eine Varietät des P. obesus in welcher die braunen Punkte zu unterbrochenen Querstriemen zusammenfliessen; nicht selten ist die Schale einfarbig ohne Flecken.

Diese Art ist vielleicht nur eine Varietät von P. palustris. — Fig. 16 ist P. obesus ex coll. mea. Fig. 19 P. obesus nach Hanl. Theob.; Fig. 17 P. maculatus ex coll. mea, Fig. 24 ist P. monile nach Hanl. Theob.

* T. oblonga, tenuiuscula, lutescente, punctis rufo-fuscis per series transversas dispositis picta; anfr. 4 praeter summos erosos, convexis, superne subangulatis; apertura ovato-oblonga; labro perpendiculari, recto, columella arcuata, incrassata. Alt. 6'''. lat. 4¹/₄''' Nov. Hollandia.? ex aut. mercat. Parreyss. (Phil.)

** T. ovato-conica, viridi-lutea, brunneo-maculata, crassa, imperforata, laevi, suturis valde impressis; anfr. instar 5, convexis; apert. subrotundata, intus alba; columella peralba, callosa. Diam. 0.25, Length. 0.44 p. — Abmednugger. Indien. Shurtleff. (L.)

20. Paludomus inflatus. Sp. nova.

Taf. 8. Fig. 25. 26.

T. globoso-turrita, solidiuscula, lutescenti-olivacea, *profuse et distincte nigro undulatim fasciata et punctata.* Spira erosa, sat exserta, anfr. 3 persist. declivi-convexiusculi, lon-

45

gitudinaliter inaeqaliter sulcati; anfr. ultimus *subito globose dilatatus*, sulcis longitudinalibus superficialibus, infra *suturam constrictus deinde gibboso-inflatus*. Apertura late ovata, intus vivide maculata et strigata, superne acuminata, basi obtuse subangulata; columella arcuata incrassata; callo parietali distincto; margine dextro acuto, superne impresso, deinde valde arcuato. — Opercul. typicum. (Coll. mea.)

Habit. Tranvancore (fide Hanley) Amerghat (coll. mea.)

Alt. 18, lat. 14; Apert. alt. 11, lat. 7 Millim. (erosa, anfr. 3).

Gehäuse kugelig-gethürmt, mässig festschalig, gelblich olivenfarbig, reichlich und deutlich mit schwarzen zickzackförmigen Striemen verziert. Gewinde ziemlich ausgezogen aber bedeutend abgefresser; Umgänge 3 abschüssig convex, der Länge nach ungleich gefurcht; letzter Umgang plötzlich erweitert, kugelig, oberflächlich gefurcht, unter der Naht eingeschnürt, dann stark gewölbt. Mundöffnung breit eiförmig, inwendig weiss mit lebhaft durchscheinenden Striemen und Flecken, oben zugespitzt, an der Basis sehr stumpfwinklig; Columelle gebogen, verdickt; Parietalcallus deutlich; Aussenrand schneidend, oben angedrückt dann stark gebogen.

Ich kann diese Art mit keiner anderen in der Gattung vereinigen; sie ist oberflächlich längsgestreift und durch die auffallende Auftreibung des letzten Umganges sehr characterisirt. Sie erinnert durch ihre Farbe und Zeichnung an P. palustris. Ich besitze von dieser Art vier, alle gleich gebildete Exemplare von verschiedenem Alter, welche mir von Herrn Hanley ohne Bestimmung geschickt worden sind; drei andere Stücke aus der Angas'schen Sammlung gehören auch hierber und sollen aus Ammerghat stammen.

21. **Paludomus Grandidieri**, Crosse et Fischer.

Taf. 8. Fig. 3. 3a.

„T. imperforata, turbinata, mediocriter crassa, liris transversis, regularibus impressa, olivaceo-nigricans, unicolor; spira truncata, apice eroso; sutura leviter impressa; anfr. superst. 2½ convexiusculi, *prope suturam sublaeves, dein transversim sulcato-lirati*, ultimus anfr. superstites spirae superans; apertura subovata, livida, intus *pallide fuscescens*; peristoma continuum, subacutum, olivaceo-nigro limbatum, marginibus junctis; columellari arcuato. basali et externo rotundatis. — Operculum subovatum, sat tenue sed solidulum, extus concaviusculum, corneum, nucleo subcentrali, intus nigricans, convexiusculum.

Var.: Submutica, liris transversis sulciformibus obsoletis, minus conspicuis.

Long. 12½; diam. maj. 9 mill. Apert. long. 8, lat. 6 Mill. (Mus. Paris.)

Habit. in rivulis regionis orientalis insulae Madagascar dictae (A. Grandidier)."

(Cr. u. Fisch.

Paludomus Grandidieri Crosse et Fischer Journ. Conch. 1872, p. 209.

„   1878. p. 73 pl. 1 f. 3,
3a--c; 4, 4a. (Var.)

Das Gehäuse ist mässig dickschalig, regelmässig gefurcht; die Farbe ist schwärzlich olivenfarbig, die Spira abgestutzt, die Naht leicht eingedrückt; Umgänge 2½ ziemlich convex, beinahe glatt in der Nähe der Naht. Mundöffnung beinahe eiförmig, inwendig livid braun. Peristom ununterbrochen, beinahe schneidend, schwarz gesäumt. Columellarrand gebogen, Basal- und Aussenrand gerundet.

Ich besitze diese Art nicht und gebe eine Figur nach einem mir von Herrn Morelet gütigst geliehenen Exemplare. Sie ist durch die vertieften, mehr oder weniger deutlichen Streifen ihrer Oberfläche und etwas bauchige Gestalt charactérisirt. Der Deckel ist wahrscheinlich typisch, aber das Hauptmerkmal, der spiral gewundene Nucleus ist in der Beschreibung nicht angeführt und man kann nur vermuthen, dass er am Rande concentrisch gebaut sei.

22. Paludomus luteus H. Adams.

Taf. 8. Fig. 11. 11a. 14. 15.

T. parvula, ovato-turrita, obesula, solidula, pallide luteo-olivacea, saepe luto nigerrimo adhaerente obtecta. Spira exserta, apice paulo erosa; anfr. 5 convexi, ad suturam declivi-subtabulati et angulati, sutura distincta divisi, sub lente *striis longitudinalibus parum profundis et striis incrementi creberrimis tenuissime decussatuli;* ultimus globoso-ovatus, ½ altitudinis subaequans. Apertura ovata, superne obtuse acuminata, basi rotundata, intus alba, calloso-incrassata; columella parum arcuata, subincrassata; margine dextro incrassato. — Opercul. typicum. (Coll. mea).

Alt. 14, lat. 9; Apert. alt. 8, lat. 4 Millim.

Habit. Borneo (Geale vend.); Sarawak (Doria et Beccari).

* Paludomus luteus H. Ad. Proc. Zool. S. L. 1874 p. 585 t. 69 f. 5. 5a.
** Palodomus Moreleti Issel Moll. Borneensi p. 93 t. 7 f. 21. 22.

Gehäuse klein, eiförmig-gethürmt, mässig festschalig, blass gelblich-olivenfarbig oder oft mit einem schwarzen Ueberzuge. Gewinde ausgezogen, an der Spitze abgenagt, Umgänge 5 convex, unter der Naht etwas abgeflacht und kantig, durch eine deutliche Naht geschieden, unter der Loupe längsgestreift und durch feine Anwachslinien ausserst fein gegittert; letzter Umgang kugelig-eiförmig. Mundöffnung eiförmig, oben stumpfwinklig, an der Basis gerundet, inwendig weiss, oder bräunlich bei den incrustirten Exemplaren; Columelle wenig gebogen, etwas verdickt, an der Basis ausgeworfen; Aussenrand gebogen, etwas verdickt.

Fig. 11. 11a ist P. luteus, Fig. 14. 15 P. Moreleti nach authentischen Exemplaren. Ich kann, ausser der schwarzen, von einem Pigment herrührenden Farbe der letzteren, keinen Unterschied finden zwischen beiden Arten. P. luteus ist dem P. baccula sehr ähnlich, nur etwas grösser, und ein wenig mehr bauchig, aber ich glaube, dass es nicht leicht wäre, Exemplare unbekannter Fundortes mit Sicherheit zu bestimmen.

* P. T. acuminato-ovali, solidula, sub lente striis minutissimis, crebris, transversis et striis longitudinalibus decussata, alba, infra epidermide lutea: spira elevata, subconica, apice

acuto, sutura distincta; aufr. 8 convexiusculis, ultimo amplo, antice vix attenuato; apert-verticali, subovali, marginibus callo crasso restricto junctis; columella arcuata; labro sinuato, obtuso, intus vix crenulato. — Long. 6, diam. 9 Mill.; Apert. intus 6 Mill. longa, 1 lata. — Hab. Borneo. (H. Ad.) (Die angegebenen Dimensionen sind offenbar falsch).

** T. ovata, solida, olivaceo-fusca vel nigra; spira breviuscula, apice valde erosa; anfr. 6½ (persist. 1½) convexiusculi, laevigati, prope suturam planulati, sutura distincta separati; ultimus vix ½ altitudinis adaequans; apert. ovata, superne angulata, basi rotundata, intus sordide grisea vel brunnea; marginibus callo tenue junctis; dextro simplice acuto, regulariter arcuato, albido, versus basin subproducto, columellari leviter arcuato, incrassato albo.— Opercul. pyriforme, nucleo submarginali sinistro ad ½ altitudinis spiratum. — Long. 15, lat. 9; Apert. alt. 7½, lat. 5 Mill. Territorio die Sarawak (Doria e Beccari). (J.)

23. Paludomus baccula Reeve.
Taf. 8. Fig. 4. 4a. 5. 6.

T. parva, ovato-turbinata, olivacea sed plerumque luto ferrugineo-nigro obtecta. Spira exserta, erosa; anfr. persist. 3 — 4½ convexiusculi, sutura distincta divisi, sub lente tenuissime et confertim longitudinaliter striati; anfr. ultimus infra suturam vix planulatus deinde regulariter convexus. Apert. intus calloso-incrassata, purpureo-fusca vel livida, ovata, superne angulata, basi rotundata; columella parum arcuata, margine dextro incrassato, callo parietali distincto. — Opercul. typicum. (Coll. mea).

Alt. 11, lat. 7; Apert. alt. 6½, lat. 4½ Mill. (anfr. 4½).

Hab. Ganges (Westermann. Reeve) (?); Mahé, Seychellen. (Cuming); Hafoun (Morelet).

* **Paludomus baccula** Reev. Proc. Z. S. 1852.

Hanley Conch. Misc. fig. 83.

Philopotamis baccula (Reeve) Brot Catal. of rec. Sp. Mel. p. 320.

** **Paludomus Ajanensis** Morelet Sér. Conch. t. 6 f. 10.

Philopotamis Ajanensis (Mor.) Brot Catal. of rec. Sp. Mel. p. 320.

Gehäuse klein, eiförmig gethürmt; olivenfarbig unter einem eisenhaltigen Ueberzuge. Gewinde ausgezogen, angefressen; Umgänge 3 — 4½ mässig convex, durch eine deutliche Naht getrennt, unter der Loupe sehr fein und dicht längsgestreift; letzter Umgang unter der Naht kaum etwas abgeflacht, dann gleichmässig convex. Mundöffnung inwendig callös verdickt, violett-braun oder schmutzig weiss, eiförmig, oben winklich, an der Basis gerundet; Columelle wenig gebogen; Aussenrand verdickt, Parietalcallus deutlich.

Unterscheidet sich von **Phil. nigricans** (ausser durch den Deckel) durch das Fehlen der Kante am unteren Theile des letzten Umganges, von **Pal. luteus** durch eine weniger bauchige Gestalt, und von beiden durch kleinere Dimensionen. Wie schon bei **Pal. luteus** angeführt, sind die beiden Arten so nahe verwandt, dass ihre Unterscheidung in manchen Fällen wohl schwierig sein möchte. **P. Ajanensis** (Fig. 4. 4a) und **baccula** (Fig. 5. 6) sind vollkommen identisch; ich bezweifle aber sehr den von Reeve für P. baccula angegebenen Fundort, Ganges. Hanle, und Theobald bilden als P. baccula eine ebenfalls aus dem Ganges stammende, grössere Schnecke ab, welche mit ihr nichts zu thun hat.

   * T. oblongo-turbinata, spira prominente; anfr. plano-convexis, laevigatis, vel sub lente subtilissime striatis; apertura parva, olivacea, brunneo-lutea tincta. — Hab. Ganges. (Westermann). (R.)

   ** T. ovato-conica, spira truncata, solida, confertim spiraliter lirata, brunneo-virescens; anfr. superst. 4½ convexiusculi, sutura profunda discreti; ultimus ventrosus, infra suturam depressiusculus; apertura acute ovalis, intus castanea; peristoma rectum, marginibus pallide limbatis, callo angulatim junctis. — Opercul. corneum, solidulum, fusco-rubellum, extus concaviusculum, nucleo laterali.

   Long. 11, diam. 6½ Mill. Hab. Eaux saumatres d'Hatoun (Raz Hafoon) 30 lieues au sud du cap Guardafui. (M.)

24. Paludomus Madagascariensis Sp. nova.
Taf. 8. Fig. 7.

T. parvula, solidula, globoso-turrita, sub luto tenui atro luteo-olivacea, *fasciis longitudinalibus castaneis 4 ornata.* Spira valde decollata, anfr. persist. 3 convexi, sutura simplici divisi, *laevigati,* vel tantum sub lente striis incrementi creberrimis exilibus striata. Apert. rotundato-ovata, superne acutiuscula, basi rotundata, intus livida, fasciis perlucentibus. — Opercul. typicum. (Mus. Paris.)

   Alt. 9, lat 7; Apert. alt. 6, lat. 4½ Millim.

Habit. Madagascar (Mus. Paris.)

Gehäuse klein, mässig festschalig, kugelig-gethürmt, unter einem dünnen schwarzen Ueberzug gelblich-olivenfarbig, mit 4 kastanienbraunen Längsbinden. Gewinde bedeutend abgenagt; Umgänge 3 convex, durch eine einfache Naht geschieden, glatt oder höchstens unter der Loupe mit sehr feinen gedrängten Anwachsstreifen versehen. Mundöffnung rundlich-eiförmig, oben stumpfspitzig, an der Basis gerundet, inwendig livid, mit durchscheinenden Binden. — Deckel typisch.

Ich habe diese Art unter anderen vom Pariser Museum zur Bestimmung zugesandten Melaniaceen in einem einzigen Exemplar gefunden und dann zeichnen lassen; sie ist von allen mir bekannten Arten verschieden und kann insbesondere mit dem auch von Madagascar stammenden P. Grandidieri nicht verwechselt werden; sie ist vollkommen glatt und besonders inwendig deutlich gebändert.

25. Paludomus trifasciatus Reeve †.

„T. oblonga, spira subelevata, anfr. plano-convexis, *undique costellato-striatis;* apert. parviuscula, intus vix callosa; olivacea, *fasciis tribus* nigricanti-fuscis subirregulariter cingulata.

Dimens.?

Habit. Ganges (Westermann)". (R.)

Paludomus trifasciatus Reeve Proc. Zool. S. Lond. 1852.

Mir ganz unbekannt.

26. Paludomus petrosus Gould †.

„T. solida, imperforata, subglobosa, apice erosa, saturate viridi, rufo-fasciata; anfract. 3, ultimo amplo, sutura praecipue marginata; apertura semicirculari; columella late planulata, rufescente, intus nigrescente vel holoserica. — Operculo apice subcentrali, elementis concentricis.

Dimens.?

Habit.?

Paludina petrosa Gould Proc. Bost. S. N. H. 1843.

Ich kenne diese Schnecke nicht, aber vermuthe, dass sie zur Gattung Paludomus gehören soll.

Erklärung der Tafeln.

Tafel 1.

Fig. 1. 2. Tanalia loricata Reev. — 3. id. (T. erinacea Reev.). — 4, 5. id. (T. undata Reev.). — 6, 7. Tanalia neritoides Reev. — 8, 9. id. (T. Tennantii Reev.). — 10, 11. id. (T. Gardneri Reev.).

Tafel 2.

Fig. 1, 2. Philopotamis nigricans Reev. — 3, 4. Tanalia loricata Reev. (T. picta Reev.) — 5, 6. Paludomus chilinoides Reev. — 7, 8. Philopotamis sulcatus Reev. — 9, 10. Philopotamis globulosus Gray. — 11. Philopotamis olivaceus Reev. — 12—14. Paludomus conicus Gray. — 15. id. (Mel. crassa v. d. Busch).

Tafel 3.

Fig. 1. 1a. Tanalia loricata Reev. (T. undata Reev.). — 2, 2a, 3. Tanalia loricata Reev. Var. — 4. id. (T. Skinneri Dohrn). — 5, 6. id. (T. erinacea Reev.) — 7. id. (T. Layardi Reev. (Var.). — 8, 9. id. (T. nodulosa Dohrn). — 10. id. (T. Reevei Layard). — 11, 12. id (T. aerea Reev.). — 13. id. (T. picta (Reev.).

Tafel 4.

Fig. 1. 1a. Tanalia Swainsoni Dohrn. — 2. Tanalia loricata Reev. Var. (T. picta Reev.) — 3. id. (T. picta Reev. Var.) — 4, 4a. id. (T. distinguenda Dohrn.) — 5, 5a. id. (T. torrenticola Dohrn). — 6, 6a. id. (T. similis Layard). — 7, 7a, 7b. Tanalia solida Dohrn. — 8. Tanalia loricata Reev. Var. (T. funiculata Reev.). — 9. Tanalia Hanleyi Dohrn. — 10. Tanalia sphaerica Dohrn. — 11. Tanalia neritoides Reev. — 12. id. (T. dromedarius Dohrn). — 13. id. (T. dilatata (Reev.). — 14. id. (T. Cumingiana Dohrn.).

Tafel 5.

Fig. 1. 1a. Tanalia Thwaitesi Layard. — 2, 2a, 2b. Stomatodon Bensoni Brot. — 3, 3a, 3b. Philopotamis violaceus Layard. — 4, 5. Philopotamis globulosus Gray. — 6—9. Philopotamis bicinctus Reev. — 10. Paludomus rapaeformis Brot. — 11, 12. Philopotamis bicinctus Reev. (P. abbreviatus Reev.). — 13, 14. Philopotamis clavatus Reev. — 15, 16. Philopotamis decussatus Reev. — 17 · 20. Philopotamis sulcatus Reev.

Tafel 6.

Fig. 1—4. Philopotamis regalis Layard. — 5, 5a, 6, 6a. Philopotamis nigricans Reev. — 7, 7a, 7b. Paludomus Stephanus Bens. — 8, 8a; 9—14. Paludomus chilinoides Reev. — 15. id. (P. constrictus Reev.) — 16. Paludomus reticulatus Blanf.

Tafel 7.

Fig. 1, 1a. Paludomus laevis Layard. — 2. 3. Paludomus Andersonianus Var. Peguensis Nevill. — 4, 5. Paludomus maurus Reev. — 6, 6a. Paludomus conicus Gray. — 7, 7a, 8. Paludomus Isseli Brot. — 9—11. Paludomus rotundus Blanf. — 12, 12a. Paludomus Broti Issel. — 13, 13a. Paludomus chilinoides Reev. Var. (P. piriformis Dohrn?) — 14—17 Paludomus regulatus Bens. — 18—20. Paludomus ornatus Bens.

Tafel 8.

Fig. 1. Tanalia neritoides Reev. Var. (T. globosa). — 2. Tanalia loricata Reev. Var. (T. Reevei Var.) — 3, 3a. Paludomus Grandidieri Crosse Fischer. — 4, 4a. Paludomus baccula Reev. (P. Ajanensis Morelet.) — 5, 6. Paludomus baccula Reev. — 7. Paludomus Madagascariensis Brot. — 8—10. Paludomus paludinoides Reeve. — 11, 11a. Paludomus luteus H. Ad. — 12. Paludomus labiosus Bens.? — 13. id. (P. Blanfordianus Nevill). — 14, 15. Paludomus luteus H. Ad. (P. Moreleti Issel). — 16. Paludomus obesus Phil. 17. id. (P. maculatus Lea). — 18. Paludomus Tanjoriensis Blanf. Var. (P. nasutus Dohrn). — 19. Paludomus obesus Phil. — 20—23. Paludomus Tanjoriensis Blanf. — 24. Paludomus obesus Phil. Var. (P. monile Thorpe). — 25, 26. Paludomus inflatus Brot. — 27. 28. Paludomus palustris Layard!

Verzeichniss der Arten.

52

reticulatus W. T. Blanf. 26.
rotundus Blanf. 32.
rudis Reev. 26.
similis Layard 3.
Skinneri Dohrn 3.
solidus Dohrn 11.
sphaericus Dohrn 12.
spiralis Reev. 41.
spurcus Soul. 41.
Stephanus Bens. 25.
stomatodon Bens. 13.
sulcatus Reev. 20.

Swainsoni Dohrn 10.
Tanjoriensis Blanf. 40.
Tanschauriensis Gmel. 41.
Tanschaurica (Gmel.) Hanl. 41.
Tennantii Reev. 7.
Tennentii (Reev.) Layard 7.
Thwaitesii Layard 9.
torrenticola Dohrn 3.
trifasciatus Reev. 48.
undatus Reev. 2.
violaceus Layard 15.
Zeylanica (Mel.) Lea 28.

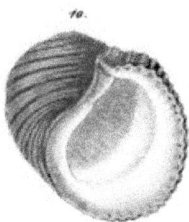

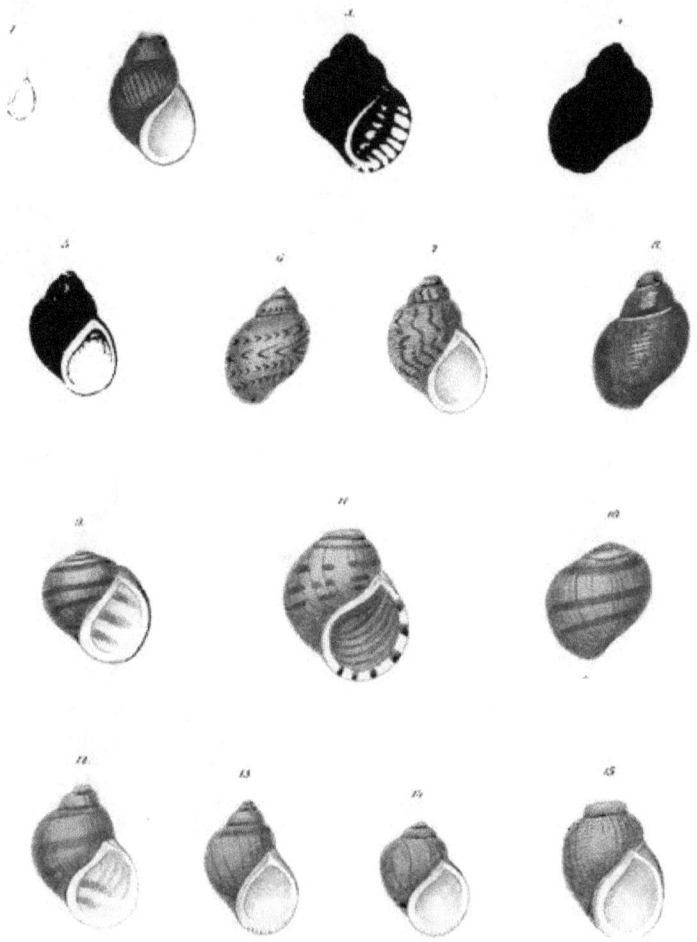

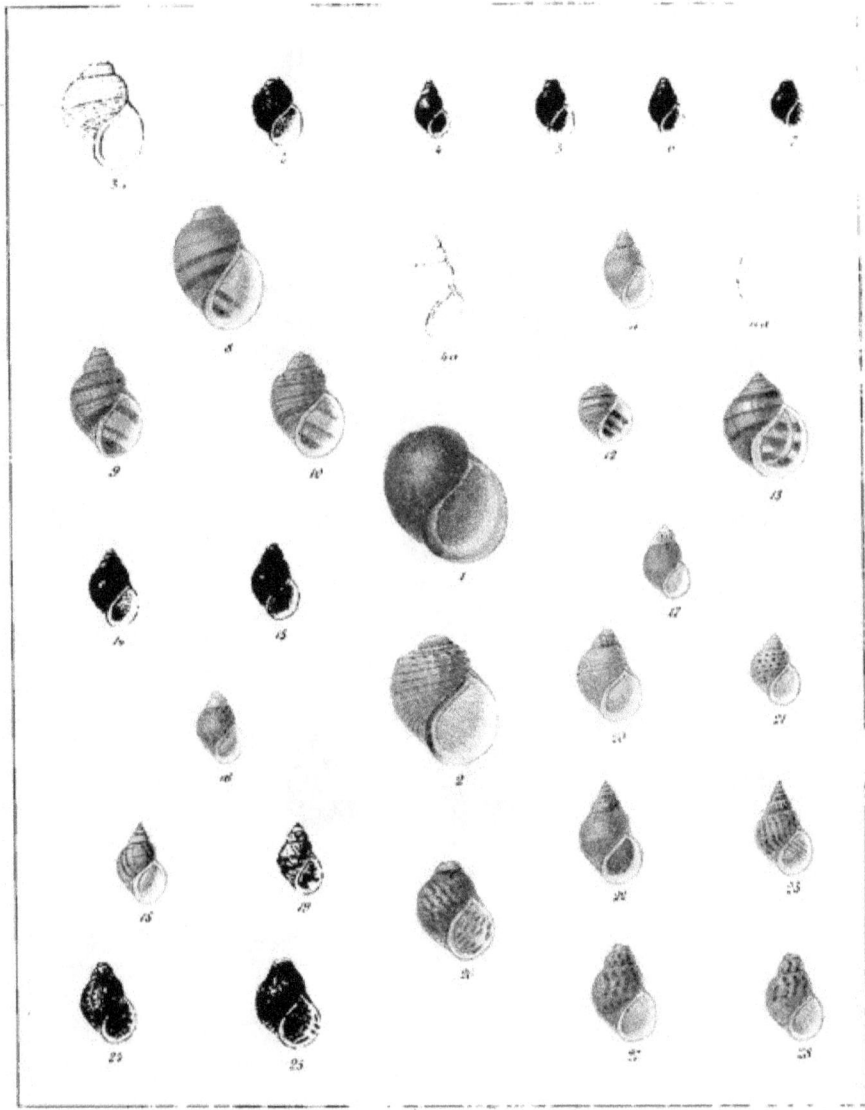

www.ingramcontent.com/pod-product-compliance
Lightning Source LLC
Chambersburg PA
CBHW022010190326
41519CB00010B/1460